新潟水俣病は国家犯罪という公害である

田中清松
TANAKA SEIMATSU

幻冬舎MC

はじめに

人生には三つの坂があると言います。上り坂と下り坂、そして「まさか」です。

私は、前著『新潟水俣病は虚構である』を脱稿した時点において、新潟水俣病に関することは一区切りついたと思っていましたが、二～三不明な部分もありましたが、新潟水俣病の原因究明という目的は一応果たせたと思っていました。

それゆえ、脱稿後は参考文献を中心に、それらの読み直しや、不明部分などの再度の取り組みを行っていました。

「まさか」はそんな状況の中から生まれました。きっかけとなったのは、五十嵐文夫の『新潟水俣病』の中の、第二四回口頭弁論における原告側代理人と北川徹三横浜大学教授のやりとりでした。最初、これを読んだときにも違和感はありましたが、これは新潟水俣病の原因究明に直接役立つものでないことから、いわば飛ばし読みをしていました。

しかし、改めて精読してみると、これは明らかにおかしいと思うことが次々と出てきました。確かに、著者の五十嵐文夫も述べているように、一見、北川が原告側代理人の追及にうまく答えられず、立ち往生しているように感じます。しかし、内容を精査すれば、いかにこの原告側代理人の言っていることが的はずれで、意味のないものであるかは誰でも理解できるものであったのです。

この口頭弁論における原告側代理人と北川のやりとりをみているうちに、疑いの目はしだいに裁判官に向かっていきました。裁判官は果して、公正中立な立場で、法に基づき、良心に従って判決を下しているのかという、いわば裁判官の資質を疑わせるものでした。

それはまた、判決文の全面的な見直しとなりました。私は、前著『新潟水俣病は虚構である』の執筆中においては、裁判官は原告や被告の提出した資料をもとに判決を下すのであり、多少おかしいところがあったとしても、それらは現地の実情を知らないゆえにやむを得ないものとして受け取ってきました。

しかし、この裁判においても、「初めに結論ありき」であり、そこには一連のシナリオがあったと言えるものだったのです。それゆえに、裁判官などの判断には著しい偏向があり、その全てが「疑わしきは原告側の利益」に沿ったものであったのです。

新潟水俣病の原因調査にあたったのは厚生省（当時）の特別班であり、その中核をなしたのが疫学研究班でした。疫学研究班もまた初めに結論ありきであり、阿賀野川は汚染されていたとする捏造や、干魚の分析結果の隠蔽などを通して昭和電工原因説を形成していったのであり、そこにもまたシナリオがあったと言えるのです。新潟水俣病は国家犯罪という「公害」に他ならないのです。

新潟水俣病に関する私の本も三冊目となりました。一冊目の『新潟水俣病を問い直す』は漁獲が、二冊目の『新潟水俣病は虚構である』においては原因究明が中心でした。そして今回、メインテーマは異なりますが一貫して流れているのは真相究明です。

この本は前二冊の上に成り立っています。それゆえ、前二冊からの引用、重複など、構成上何かと問題を含んでいるかと思いますが、新潟水俣病の複雑さを知ってもらうには一筋縄でいかないものがあり、このような表現を余儀なくされたことへの理解をお願いします。

昭和電工の現在の社名はレゾナック・ホールディングスとなっていますが、文中においては旧社名の昭和電工をそのまま用いました。

なお、文中の敬称は省略させていただきました。

新潟水俣病は国家犯罪という公害である

目次

第五章 新潟水俣病は国家犯罪という公害である 193

第一章　猫は知っていた

猫は知っていた（1）

東京大学工学部助手であった宇井純は、新潟の水銀中毒事件のことを知ると、チッソ水俣工場附属病院長の細川一《はじめ》博士と共に新潟に入り、その原因を探るための調査を始めます。

私と細川博士、そして劇作家の菅竜一氏（本名　増賀光一）は、阿賀野川下流の被災地を訪れ、一番酷い被害を受けたK家の人々に逢った。この家では跡取り息子は典型的な劇症で死亡し、一家全員に多かれ少なかれ症状があると細川博士は診断した。

そのやりとりを聞きながら、私はふと妙なことに気づいた。水俣でもそうだったが、漁民の家では漁網をネズミにかじられないように、たいがいネコを飼っているものである。そのネコの姿がみえない。

「ここの家にはネコがいませんね」。

「それはな、変な死に方をしたのが二代続いたので、ネコがたたっているのではないかと思って、飼うのをやめたのだ」と一家のおじいさん。

「そのネコは、頭を下げて、よだれを垂らして、時々跳び上がって走りまわって、池にはまって死ぬのではありませんか」と細川博士。

「見もせんでどうしてそれがわかる。確かにあんたの言うとおりだった」。

「その二匹のネコはいつ死んだのか思い出せませんか」。

「一匹は地震のあとで、もう一匹はその一年前。たしか地震の前だった」。

その一言で地震と水俣病は関係のないことがわかったのである。しかもネコへのたたりという表現は、いかに二匹のネコの死に様が似ていたかをまさしく示していたのであった。阿賀野川の河口近くのこの地域に水銀が運ばれてくるのは、上流の昭和電工の鹿瀬工場からしかない。こうしてネコのたたりという一言が、私に因果関係を解かせたのであった。（『原点としての水俣病』）

宇井のこの記述は、熊本の水俣病をそのままそっくり新潟水俣病にあてはめようとしたにすぎず、新潟のことを何一つ知らずして、ネコの一件だけをもって新潟水俣病の因果関係が解明されたとしています。

漁師であればたくさんの網を持っていて当然、その網をネズミの被害から護るために猫を飼う、こんな理論は新潟ではまったく通用しないのです。

水俣は漁業専門の人が多く、たくさんの網を持っていたと思います。これに対して新潟では魚を獲る人の数が少ないうえに、その大半は半農半漁であって、しかもその多くは名ばかりの半農半漁でしかないのです。新潟で半農半漁と呼べるのは、晩秋から冬にかけて阿賀野川を遡上するサケやヤツメウナギを獲ることができるごく一部の人でしかなく、海の魚を獲っている松浜の漁師を除けば専業の漁師はいないのです。

新潟の農家（半農半漁も含めて）が猫を飼うのは、農産物をネズミの被害から護るためであり、食べ物豊富な新潟においては、ネズミが網をかじる必要など、どこにもないのです。猫がネズミを獲ることは事実としても、猫によってネズミの被害を防ぐには限界があり、それゆえK家もその後は猫を飼わなくなったと言えます。

下山や一日市《ひといち》は七十〜八十戸。津島屋は二百戸、江口は百五十戸くらいあります。猫の発症は百戸あたり五〜六匹であり、これはまた猫の数自体の少なさを示していると思います。

そしてまた、この猫の死は左岸の河口付近だけであり、それも地震後に集中しています。これを除くと、猫の死は散発的なものにすぎず、これはネズミ駆除剤によるものと言えます。

宇井が猫の異常死に注目したのは、水俣において猫の異常死が多発していたからです。

一九五四年八月一日には、『熊本日々新聞』が、「ネコてんかんで全滅、ねずみの激増に悲鳴」の見出しで、「水俣港周辺の漁村（茂道）では、六月くらいから一〇〇匹あまりいたネコがほとんど狂い死に」したとの記事を載せる。（『四大公害病』）

水俣病が人々に知られるようになったのは、一九五六年（昭和三一年）春、五歳と二歳の姉妹が相次いでチッソ水俣工場附属病院に連れて来られたことにはじまる。（同）

猫の異常死は患者発生より二年近く前から始まっています。これは相対的に猫が魚を多く食べているゆえに人より早く発症すると考えられます。水俣病と猫の異常死は切っても切れない関係にあり、それゆえ宇井は新潟水俣病との因果関係を知るために猫の異常死を持ち出してきたと言えます。

これらを受けてと思いますが、新潟においても猫や犬の異常死の調査が始まります。図1－1はその猫や犬の死亡数を示したものです。これをみると、猫や犬の死亡数は左岸の下山、津島屋、一日市、江口に集中しています。これはまた、浮上した魚や水銀値の高い

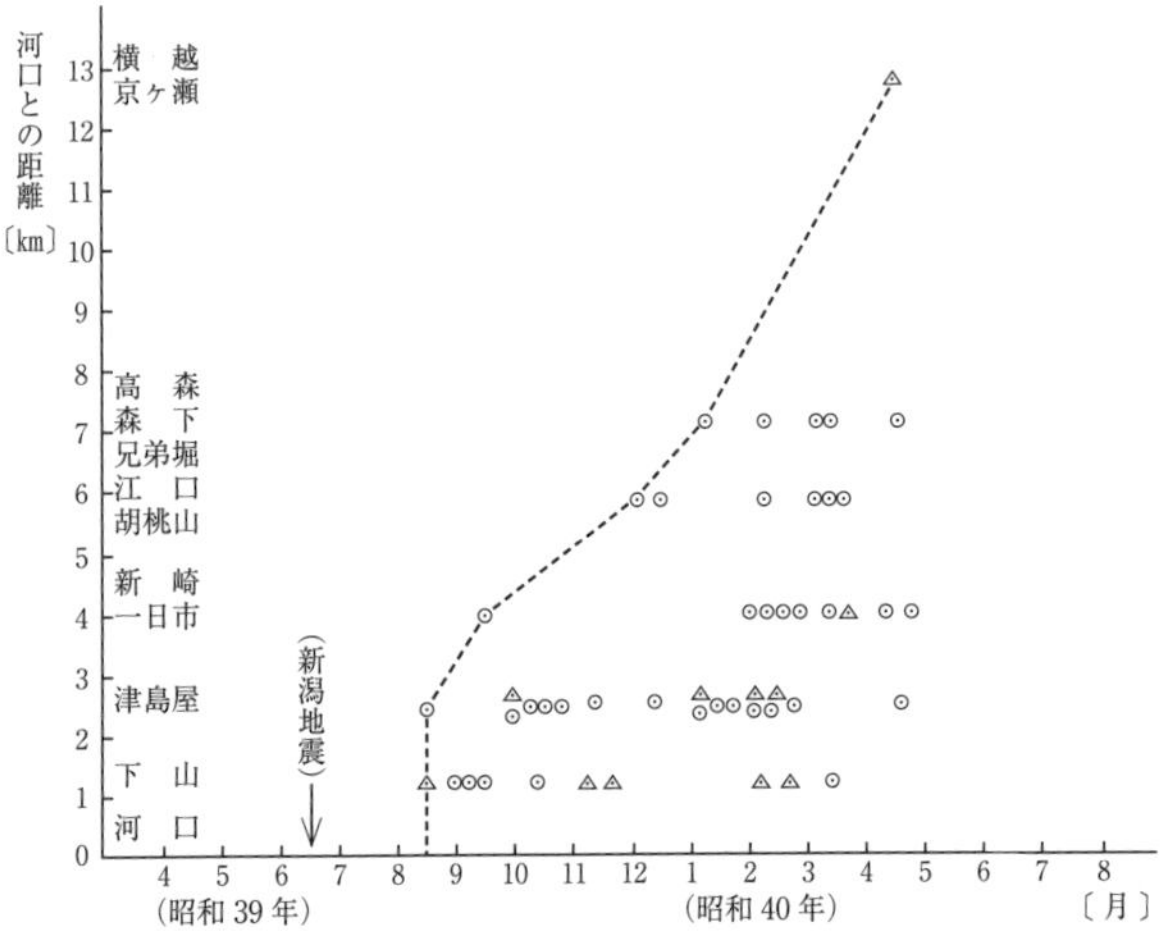

出典：『メチル水銀による汚染原因の研究』

図 1-1　家畜の死亡または行方不明の時期（△犬、○猫）

ニゴイ、それに初期の患者が出た地域と一致しています。横越にはいません。

　これに対して右岸は、森下に五匹、京ヶ瀬に一匹いるだけです。この図は横雲橋のある京ヶ瀬までしか描かれていませんが、これより上流においては、散発的にあったとしてもまとまった猫や犬の死亡はないと言えます。

　右岸の森下に五匹の猫の死亡がありますが、これは少し注釈が必要かと思います。すぐ上流に高森という集落がありますが、これはひとかたまりになっており、隣集落の高森新田に住んでいた私でも正確な境界線がわからない所があります。この三集落は三ツ森と言われ、合わせた戸数は三百戸くらいになります。ネズミ駆除剤のことを考えれば、百戸に一～二匹の猫や犬の死亡数は不自然とは言えないと思います。

この図に示された猫や犬の死亡分布が示しているのは、汚染されたのは阿賀野川の左岸で河口から七キロメートルまでであり、これは局所汚染であることを示しています。

右岸において、高森から京ヶ瀬までの間には、大久保、太子堂、長戸呂など、十くらいの集落がありますが、この区間には猫や犬の死はみられず、左岸においても江口より上流においては猫の死はみられないのです。

図1－2は水俣病患者の分布状況を示しています。(『新潟水俣病のあらまし』)。これをみると、河口から工場のある鹿瀬町まで多数の患者が出ています。二〇一九年十月末現在では、水俣病と認定された人は七百十六人、総合対策医療事業対象者は二千九百八十人となっており、合計では約三千七百人となっています。これだけたくさんの患者が出ているのに、左岸の河口付近を除けば猫や犬の死はほとんどありません。水俣のように、自分で魚を獲り毎日のように食べていたとすれば、当然それは猫の死亡が多いということになります。猫や犬の死亡がほとんどない地域において、水俣病の患者が多数出ることは考えられないということであり、この面からも新潟水俣病は虚構と言えるのです。

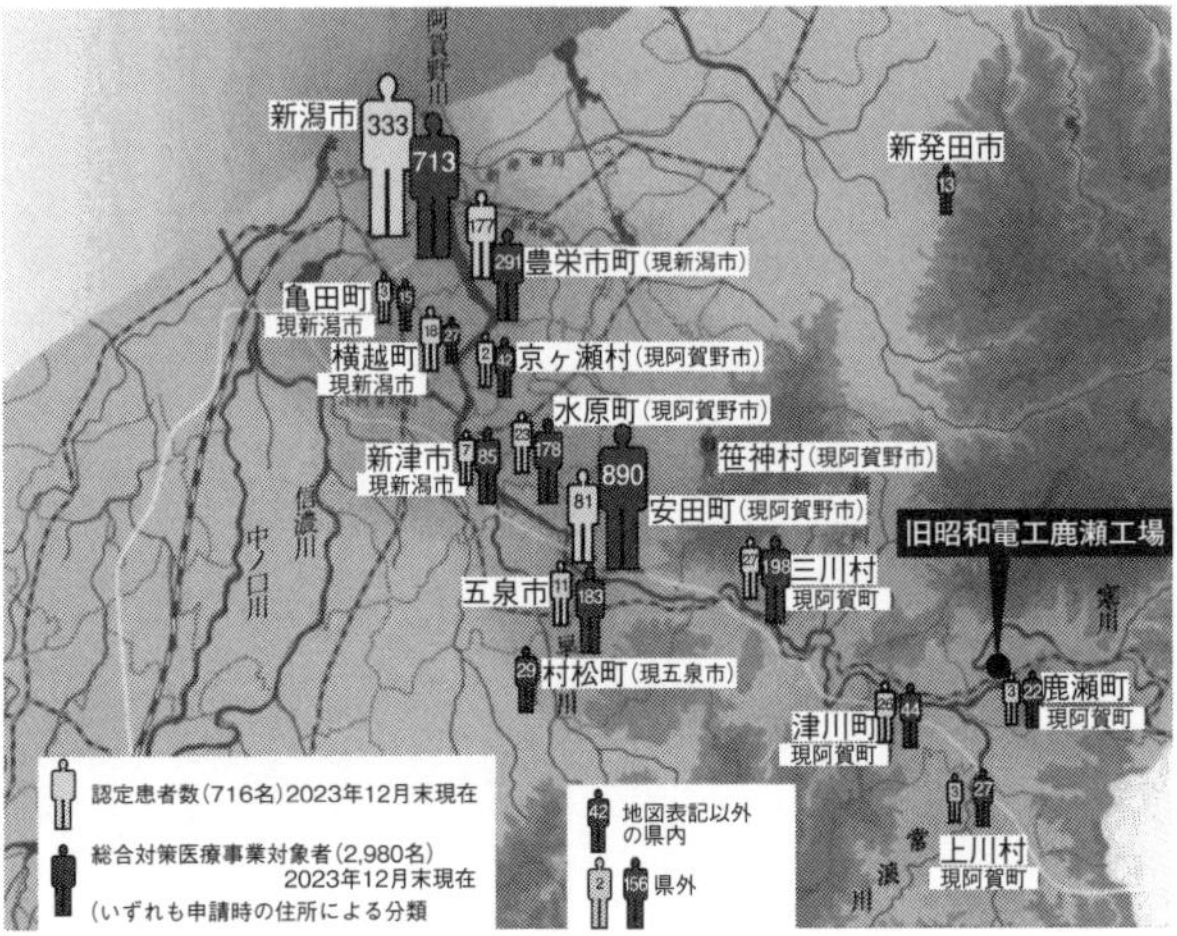

出典：『新潟水俣病のあらまし』

	新潟市	安田町	豊栄市町	三川村	五泉市	水原町	新津市	津川町	京ヶ瀬村	村松町	横越町	上川村	鹿瀬町	亀田町	新発田市
認定患者数	333	81	177	27	11	23	7	28	2	—	18	3	3	3	—
総合対策医療事業対象者	713	890	291	198	183	178	85	44	42	29	27	27	22	15	13

図 1-2　被害者分布図（合併前の市町村名で表示）

熊本の水俣病をめぐっても、今でも裁判は続いています。私は、熊本の水俣病については詳しく知る立場にはなく、確かなことは言えませんが、新潟と同様、猫の異常死を知ることにより、水俣病であるか否かを知るうえで重要な手掛かりとなると思っています。水俣病発症当時、猫はそれより二年前位から発症しており、たくさんの猫が死んだと言います。水俣病と猫の異常死は密接な関係にあり、猫の異常死のない地域においては水俣病は存在しないと思っています。

下山の患者は川魚を獲れる状況ではなかった

前著『新潟水俣病は虚構である』において、脱稿したあとも依然として二つの謎が残っていました。一つは、一日市の自動車修理工がどこで毒物を摂取したかということです。この人の頭髪の水銀値については「測定なし」となっており、内臓から水銀が検出されたゆえに水俣病としたとしていますが、頭髪の検査ができない状況にはなく、頭髪からは水銀が検出できなかったゆえに「測定なし」となったのだと思います。他の家族は全員が頭髪の検査を受けています。

そしてまた、他の家族に比べて、この自動車修理工だけが典型的な劇症型の症状を示し、かつあまりにも急激な展開であったと言うことです。頭髪から水銀が検出されなかったということは、水銀が頭髪に行く前に死亡したということであり、これは一時的に大量の毒物を摂取したからということに他なりません。私は、その毒物が一般農薬によるものとみていますが、他の家族に比べてあまりにも急激な展開だったことについては依然として謎めていません。この件については個人的な要素が大きく、今となっては知る術《すべ》もなく諦めています。

今一つは、下山の四人と埋設処理した農薬との関係が不明で、どこで毒物を摂取したのか、なかなかわかりませんでした。第一号患者の今井一雄については、前著『新潟水俣病は虚構である』でも述べたように、四千羽ものニワトリを飼っており、出荷できない卵や廃鶏の肉を食べていたとすれば、彼が蛋白源を手間ひまかけて阿賀野川の川魚を獲りに行くなど考えられないことであったからです。下山のもう一人もやはりニワトリを飼っており、これも今井同様、阿賀野川の川魚を獲る必要など、どこにもなかったのです。

下山の残る二人は、南宇助とその奥さんです。二人の発症について、新潟大学公衆衛生学教室の助教授であった滝沢行雄は次のように述べています。なお滝沢は昭和電工鹿瀬工場の排水口のミズゴケからメチル水銀を検出した人でもあります。

手や足の力が萎え、カニのように横ばいをしたという最初の犠牲者、南宇助さん（発病当時六十二才）が発病したのが三十九年八月下旬である。その二ヵ月前には、突如襲った新潟大地震が新潟市を中心に甚大な被害を与えた。被害地の住民は、半農半漁のものが多く、地割れなどの浸水で田畑が壊滅したため、もっぱら阿賀野川でさし網をはり、捕獲したニゴイやウグイ、ボラなどの行商で生計をたてた。患者自身も、この非常時に獲った川魚が主に食膳を占め、毎日、昼と晩に多食喫食していた。すべてこのことが禍となったのである。（『しのびよる公害』）

滝沢は、この地区には半農半漁が多いとしており、南宇助もその一人としています。また家族の証言も昔から漁業にたずさわってきたとしています。しかし、南宇助の職業は農業となっており、また下山の集落は阿賀野川から五百メートル位離れており、半農半漁には疑わしきものがあります。

そのことは置くとしても、南宇助が地震後阿賀野川の川魚を獲り、奥さんと共にこれを売り、自分たちもこれをたくさん食べたために発病したというのはありえないということです。

なぜかと言えば、地震によって通船川一体は壊滅的な打撃を受け、とても漁などできる状態ではなかったからです。今の阿賀野川はまっすぐ海へと流れ出ていますが、江戸時代はこの通船川が阿賀野川であり、信濃川の河口につながっていたのです。通船川はもと阿賀野川だったこともあり、通船川一帯は地盤が軟弱であり、地震によって沈降と隆起が起こり、阿賀野川及び通船川の堤防は壊滅的な被害を受けたのでした。堤防の欠壊等により、下山一帯は湛水などにより浸水し、溢水は長期にわたって続きました。図1－3（P28）はそのことを示しています。下山の被害者今井一雄も、南宇助も六月いっぱいはまだ浸水地帯の中にあります。なお、湛水が完全になくなったのは九月の末としています。

このような状況下で、阿賀野川で漁をすることや、その魚を売り歩く状況にないことは明白です。水が引いたとしても、その後片付けに多大な労力を必要とするのであり、魚獲りや、その魚を売り歩くことなどありえない話と言えます。

今井一雄が昔魚を獲っていたのは海釣りでした。川からの距離を考えると、南宇助や今井一雄が阿賀野川の漁業権や網を持っていたかについては疑問も残ります。そして舟です。阿賀野川、通船川の堤防は壊滅的な打撃を受けました。当然、そこには復旧工事が必要となります。こんな状況下で舟を出すことなど不可能と言えます。滝沢は、ニゴイ、ウグイ、ボラなどの魚を獲ったとしていますが、これだとたくさんの網が必要となります。その網及び獲った魚の運搬などを考えると、南宇助が舟を係留していたのは通船川と考えられます。その通船川ですが、付近一帯の湛水を排出するために堤防を強化する必要があり、矢板が打ち込まれました。このような状況下で通船川から舟を出すことは不可能と言えます。また津島屋閘門《こうもん》も被害を受けたと考えられ、舟の通過にも支障があったと考えられます。南宇助にしても、今井一雄にしても、阿賀野川の川魚を獲りにいくことなどありえない話だと言えます。

滝沢は、南宇助は阿賀野川でニゴイやウグイ、ボラなどを獲ったとしていますが、ニゴイは純淡水魚、ウグイは二次淡水魚、ボラは海産汽水魚（『新潟市史、資料編、12、自然』）であり、同じ場所で獲れる魚ではありません。魚の形態、行動習性を考えれば同時に三つの網が必要となります。これは専業漁師でも考えられないことです。滝沢は非常時としていますが、にわか漁師ではそんなに簡単には魚は獲れないのであり、にわか行商人が商品価値のない魚を売り歩くなどもありえない話だと言えます。

阿賀野川にはたくさんの魚がいると思っている人が多いと思いますが、阿賀野川に川魚は少なく、そして獲れないのです。前著『新潟水俣病は虚構である』でも述べたように、水俣病患者が最も多食したとするニゴイは漁協組合員の平均でも一人が一年で十匹程度しか捕獲しておらず、自家用にしても問題にならない数量なのです。

阿賀野川の右岸において、行商人が売りにくる魚のほとんどは松浜で獲れる海の魚でした。左岸は多少事情が異なるとは思いますが、下山あたりは松浜の魚が主体だったと言えます。川魚は獲れない魚というだけでなく、商品価値のない魚であり、これは裁判所も認めています。南宇助における漁獲、漁食は現実的でなく、彼が阿賀野川の魚を食べて水俣病になることはないと言えます。

猫は知っていた（2）

下山の四人が阿賀野川の川魚を獲って（食べて）いないことに疑いの余地はないと思います。これらのことから、これまで私は、被災農薬の埋設場所と今井一雄のビニールハウスが近いことから、この間を流れる排水路が関係しているのではないかと考えてきました。この排水路は幅一メートル位、季節によって水位は変ることもあるかと思いますが、水深は十〜十五センチメートル位と言えます。ここに五センチメートル位の魚はいたかもしれませんが、私が見に行ったときにはみつけられませんでした。

この水を農産物等の散水に使う、あるいは衣服を洗うといったことに使えば、それなりに毒物に汚染されますが、発病にまで至るか否か、今一つ納得しがたいものがありました。今井一雄や南宇助はなぜ発病したのか、その原因はなかなかわかりませんでした。

答えを教えてくれたのは、一つは猫の死亡マップでした。図1－1において、下山の猫の死亡は八月に始まっています。津島屋も一匹は八月中ですが、まとまっては一ヵ月以上遅れています。一日市、江口においては、まとまった猫の死亡は翌一九六五年の二月頃からです。

この差の意味するところは何か。塩水クサビ説を主張した横浜大学教授の北川徹三はこれについて、汚染は河口から始まり、しだいに上流へと広がった結果だとしています。北川の主張する塩水クサビ説の根拠の一つです。

通船川の津島屋閘門から一日市の上流にある泰平橋まで約三キロメートルでしかありません。これは魚でも一日で移動できる距離です。これに対して猫の死は半年近い差があります。この差は少し気になっていましたが、北川の塩水クサビ説については初めから除外していました。ましてや、昭和電工原因説においてはなおさら説明しづらいものがありました。

この時間の差は猫や犬だけでなく、人にも同じ傾向がみられます。下山の南宇助は一九六四年八月下旬に発症、十月に入院のあと亡くなっています。今井一雄は同年十月に発症、入院となっています。この他にも下山の一人、津島屋の一人も入院は一九六五年六月頃ですが、発症は一九六四年十月及び十一月となっています。

　これに対して、一日市及び江口においては発症は全て一九六五年に入ってからです。近喜代一の父は四月、自動車修理工は二月です。その兄は一九六四年に発症したと言いますが、この人は体が弱く、またこの発症は自己申告に基づくものであり、公式確認されたものではなく、入院したのは一九六五年六月です。

　近喜代一の妻のヨシは、一九六五年の二月頃から魚がたくさん獲れるようになったと言っており、これも猫の死亡とほぼ一致しています。


　下山の人たちと毒物の接点がどこにあるのか、答えがみつからなかった理由の一つは、私が、埋設場所と今井一雄のビニールハウスが近いことから、ここにこだわったからでした。

　今一つは、下山の患者たちは阿賀野川の川魚を食べていないはずだという思い込みからでした。

　ここでもう一度、当時の通船川一帯の状況がどのようなものであったかを振り返ってみたいと思います。

郷内の激甚地となった通船川周辺の石山・大形地区は、地震発生とともに通船川梁底の隆起で、堤防は四〇〇メートルにわたって決壊し農地に浸水、農地の各所には地下水が噴き出し、煮えたぎる「アンコ鍋」さながらであったと言います。特に大形地区内では、道路が随所で陥没や亀裂を生じ通船川周辺の新川集落は大音響とともに家が裂け、あるいは傾き、住民の証言によればまさに地獄絵を見るような惨状であったとあります。

通船川の決壊による湛水被害は七〇〇haに及び、通船川以北の河渡、松崎、新川、下山の全農地と、通船川以南の下木戸、中木戸、海老ヶ瀬、津島屋の国道7号線の地域および7号線以南の寺山地域まで、稲は見渡す限りの水の下に没し、その姿をみることができませんでした。(『通船川物語』)

このような状況下で阿賀野川に魚を獲りに行けないことは明白であり、また行商もできないことは明白なことなのです。

下山の今井一雄は漁食について、次のように述べています。

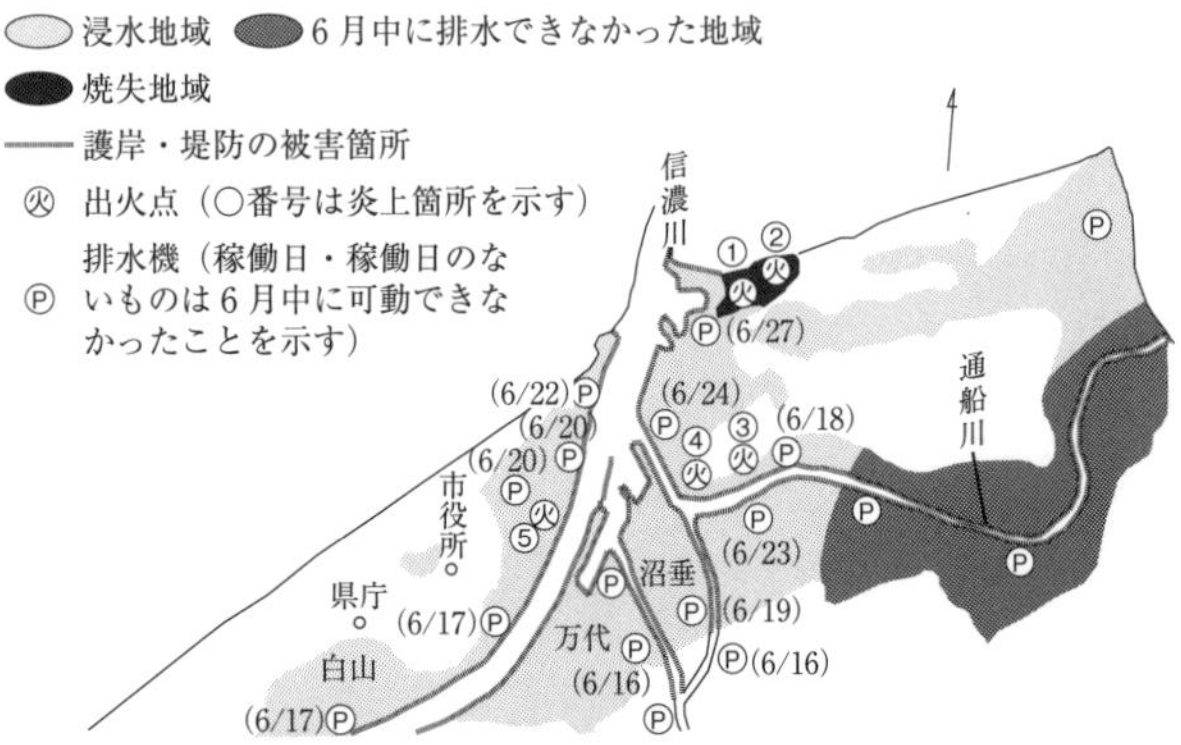

出典：「新潟地震30周年記念誌」

図1-3　新潟市の浸水被害状況

ただ後で考えてみると、地震でしばらく収入がなくなったし、蛋白源は川から獲ってくる魚に頼るしかなかったわけで、その頃に問題の魚をたくさん食べたんですね。（『いっち、うんめえ水らった』）

これまで述べてきたように、今井が蛋白源を阿賀野川の川魚に頼る必要など、どこにもなかったのです。今井は「蛋白源は川から獲ってくる魚に頼るしかなかったわけで、その頃に問題の魚をたくさん食べたんですね」と述べています。ここで重要なことは「問題の魚」なのです。今井は自分の病気が水俣病であり、そのためには阿賀野川の川魚を食べていなければならず、川から獲ってくる魚はそのための付け足しと言えます。今井は問題の魚と言っていますが、その問題の魚とは何を意味しているのでしょうか。

それは、地震によって水田等の多くが湛水状態になり、それは稲の姿がみえなくなるほどであり、それなりの水深があったことになります。言ってみれば、七〇〇haの巨大な池が誕生したことになります。ここに通船川にいたニゴイなどが移動してきたと言えます。今井が食べたのは阿賀野川の魚ではなく、湛水地帯に侵入してきたニゴイなどであったのです。

次に魚の汚染状況をみていきたいと思います。図1－3、図1－4を参照のうえお読みいただきたいと思います。図1－3は阿賀野川左岸の浸水地域を示したものであり、図1

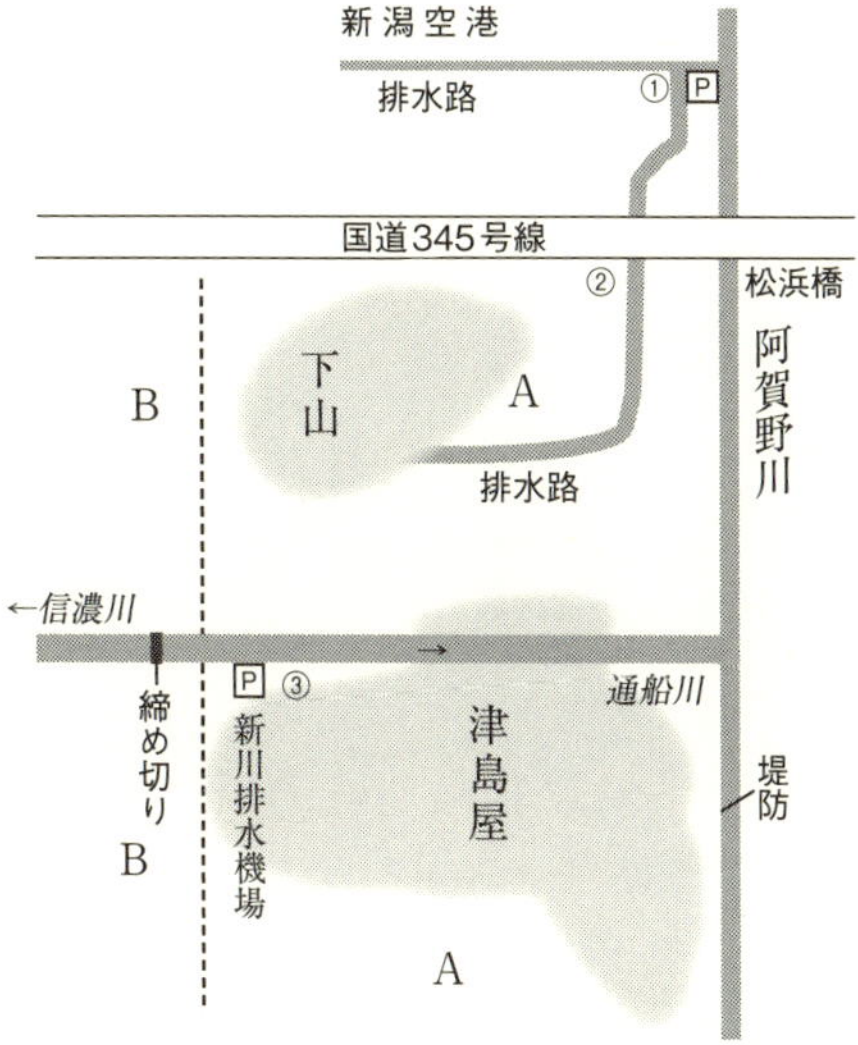

図 1-4

－4は説明がよくわかるようにと思って私が書いたものです。当時の状況から地図の上に線を引くことは不可能であったからです。

船江町に埋設処理された農薬は排水路に流出し、今井農園のビニールハウスの間を通り、空港の脇、または横断（暗渠《あんきょ》）して下山のポンプ場に至ります。地震前はここにあるポンプ（図1－4、①、P）によって阿賀野川に排出されていました。しかし、このポンプ場は地震によって破壊され、ここからの排出はできなくなりました。毒物を含んだ水は図の下の方に流れて行き、国道345号線の下を通り（②）、下山地区の水田に浸入します。A地区です。図1－3でもわかるように、この一帯は湛水状態であり、汚毒水は②を中心に拡散することになります。

湛水は③の新川排水機場から通船川を通して阿賀野川に排出されます。そのために、壊滅的な打撃を受けた堤防を補強するために矢板が打ち込まれ、隆起等によって堆積していた土砂を取り除く必要がありました。排水が始まったのは七月二日です。広大な面積の水を排出するのですから、それなりの時間がかかることになります。それゆえ当初は汚毒水の広がりも弱く、②の近辺に限られていたと考えられます。排水が完了したのは九月二十日です。

②から始まった汚染はゆっくりとした広がりをみせ、やがては汚毒水も通船川を通して阿賀野川に排出されますが、当初はその量も微々たるものであったと言えます。通船川の魚が本格的に汚染されるようになったのは、早くても九月に入ってからだと言えます。湛水の排出量が少なくなるにつれ、しだいに汚毒水の割合が大きくなっていくからと考えられるからです。その後の経緯については、『水俣病は虚構である』の「なぜニゴイなのか」で説明したとおりです。

今井一雄や南宇助が食べた魚は、②の地点から拡散した毒物によって汚染された魚であったのです。下山と津島屋において、猫の死亡に一ヵ月位の差があるのは、この汚毒物の広がりが関係していると言えます。それに今井一雄や南宇助は共に元漁師という一面を持っており、いち早く魚の異変に気づき、これを捕獲、摂食し、発病したと言えます。まさしく問題の魚だったのです。津島屋には漁師も多く、やがては阿賀野川で獲った魚で発病した人たちもいたかと思いますが、初期の患者の多くは、この湛水の魚を食べたことにより発症したと言えます。

通船川沿いの集落で発病したのは下山と津島屋の人たちだけです。B地域の湛水は別のポンプによって信濃川に排出され湛水はほとんど動くことはなかったと言えます。水面は同時に下がり始め、A地区の水がB地区に流れ込むこともなかったと言えます。

地震による津波によって、汚毒水が通船川に流入したことをめぐって論争もありましたが、通船川の魚の汚染は新川の排水機場を境として、それより下流（信濃川方面）においてはなかったのです。

通船川一帯の湛水は9月末でなくなりました。その後汚毒水は通船川の魚（特にニゴイ）を汚染し、魚はその後阿賀野川に出ていき、これが一日市や江口の発症の原因となったのです。下山と一日市の猫の死や人における発病の差はこうして生まれたのです。

瀕死の魚を食べていた

新潟水俣病に関する一冊目の著書『新潟水俣病を問い直す』の出版後、何人かの読者から手紙や電話をいただきました。その中に、津島屋の人たちが食べていたのは、死んだ魚や、それに近い魚、いわゆる瀕死の魚であったというのがありました。当時の状況を正確に知ることは困難であり、これが事実か否か、今となっては知る手立てがないことも事実です。しかし、近喜代一や、その妻のヨシの記述や、魚の浮上調査などから、阿賀野川には多数の死んだ魚、及び瀕死の魚がいたことは事実と言えます。

『新潟水俣病は虚構である』でも述べたように、近喜代一が「初網」の日に捕まえたニゴイは手で捕まえたものでした。妻ヨシの記述からは、イケスで飼っていた魚は、やはり瀕死の魚、あるいは仮死状態の魚でした。『新潟水俣病は虚構である』の中で、私の住む地域の小川でコイなどが浮上したことについて取りあげました。この時は死んだ魚が多かったのは事実ですが、多くの人たちは気味悪がってこれを食べることはありませんでした。しかし一部の人たちはこれを食べていたと思われました。噂話ですが、「〇〇さんはこれを食べていた」というものがあったからです。

魚の動きが鈍く手で捕らえられる、あるいは魚が仮死状態にあるならば、それは毒物に汚染されているということであり、それを食べれば、食べた人もまた毒の影響を受けると考えるのが普通です。しかし、近一家がそのことを意識しているようには見えません。

近家を含めて、漁師たちは色の変わった水が流れてくると「昭電の毒水」と言っていますが、それでいて魚獲りを自粛している様子はみられません。

近喜代一は、魚は昭和電工によって汚染されたと主張しながら、その一方で何事もなかったかのように魚を獲り続けていたのです。その一部を彼の日記からみていきたいと思います。

日記（数字は獲れた魚の数）

六月十五日（3）

きょうお昼前、厚生省の課長ほか三十人もきて、約二十分間症状を聞いていく。今回の病気は水銀中毒と断定。父も同病なり。

六月十六日（3）

（省略）

六月十七日（4）

（省略）（五十嵐文夫『新潟水俣病』）

近喜代一の父親の死は六月二日です。新潟の水銀中毒が公表されたのは六月十二日です。六月十五日には、「今回の病気は水銀中毒と断定。父も同病なり」と述べています。水銀中毒イコール水俣病、近喜代一は自分の病気が水銀に汚染された魚を食べることにより発症したのだということを、少なくとも十五日には知っていたことになります。常識的に考えれば、十五日以降の漁はありえない話だと言えます。しかし近は、十六日にも、十七日にも魚を獲っています。資料の関係で私の知ることができるのはここまでですが、近はその後もしばらくは魚を獲っていたと考えられます。自分たちはまったく関係ないと思っていた上流や中流の人たちならばともかく、近は当事者です。この無神経さにはただただあきれるばかりです。

水俣と異なり、生活がかかっているわけではありません。漁期から、サケやヤツメウナギといった商品価値の高い魚ではありません。ニゴイなどの川魚は商品価値がなく、自家用にしかならない魚なのです。たとえ昭和電工から流出した水銀によって魚が汚染されたとしても、それによって仮死状態になった魚を平然と食べていた方にも病気の原因の責任の一端はあると思います。

裁判において、「大気汚染の場合はもとより、水質汚染の場合においても、住民は通常の場合、当該企業から発生する公害から回避することは不可能か、もしくは極めて困難であり、多くの場合、被害者側に過失と目されるべき行為はない」としていますが、新潟水俣病においては、これはあてはまらないのではないでしょうか。瀕死の魚を食べて水俣病になったとしたら、それは過失以上の責任が被害者側にあることになると思います。

近家と同じく、桑野家も多くの患者を出しています。その中でも自動車修理工の死には悲惨なものがあり、ジャーナリストたちはこれを新潟水俣病の悲惨さを象徴するものであると書いています。桑野家もまた近家と同じように瀕死の魚を食べていたと思われます。自動車修理工の父親は、自分が差し入れた刺身に毒物が入っていたことを知ると、「わしが息子を殺したようなもんだ」と嘆き悲しんだとあり、その悲嘆ぶりは尋常ではなかったと言います。それは差し入れた刺身が瀕死の魚だったからではないでしょうか。そのことが父親の罪悪感を一層強めているとしか思えないのです。

今井一雄や南宇助も、図1－4の②の近くで獲れた相当毒性の強い魚を食べていたと考えられます。図1－3でもわかるように、六月中はまだ湛水の中にあり、七月に入ってもまだそれなりの水深があったと思われます。魚が元気であれば手で捕まえるにはむずかしいものがあります。網を使うにしても、タモといったもの程度で大きな網は使えないと言えます。

今井や南の獲った魚もまた瀕死の魚であったと考えられます。

下山から始まった瀕死の魚の捕獲はやがては津島屋の人たちの知れるところとなり、津島屋の人たちもこの魚を食べるようになったと言えます。ただ津島屋は私にとって情報不足という一面もあります。新潟水俣病において、最初に注目を集めたのは一日市でした。

次が第一号患者の出た下山であり、津島屋はあまり注目されませんでした。津島屋は漁師もいることから阿賀野川での漁も含まれていると思われますが、このことが問題を複雑にしていることもあります。またこのことは、津島屋の人々に水俣病とはどういうものかを学習する時間を与えたということも頭の中に入れておくべき要素と言えます。

ここで再び下山と一日市の違いに戻ります。それは、一日市の近家や桑野家がほぼ一家全員中毒症状を起こしているのに対して、下山は限定的です。今井家は父親を含めたとしても二人、南家も奥さんと二人です。家族の人数を知らないので確かなことは言えませんが、下山においては川魚を食べる習慣がなく、瀕死の魚を食べる気にはならなかったのだと思います。瀕死の魚を食べたのは魚に興味を持つ人に限られていたと言えます。

そして今一つ、それは下山において犬の死が多いということです。地震により下山一帯は湛水状態になりましたが、その湛水も徐々に減っていたと言えます。付近一帯は沈降や隆起によってくぼ地ができる、あるいは田んぼの水も少なくなるなど、犬にとっても魚を捕まえられる状態になったと考えられます。猫は水が苦手ですが、犬はそれほど苦にしないと言えます。犬は水深の浅い所の魚を本能的に追いかけ、食べたのだと思います。水深が問題になりますが、ここにおいても犬は瀕死の魚しか捕まえられなかったと考えるからです。
新潟水俣病は、瀬死の魚の多食が原因とも言えるのであり、責任の一端は原告側にもあると言えます。

ニゴイで水俣病という嘘

水俣病とされる患者が最も多食したとされる魚はニゴイでした。裁判においても「漁類のうち摂食量の高いのはニゴイの約六十パーセントで、ついでマルタの二二パーセントであった」としています。一般家庭においては四十パーセントとやや低くなっていますが、単純に言えば、漁食の半分はニゴイということになります。また、最も水銀値の高い魚もニゴイでした。

水俣病の原因については、これまで述べてきました。確かに、初期において水俣病とみられる人たちは、それがどのような形であれニゴイをたくさん食べていたことは事実だからです。そのことから、その後の水俣病と名乗る人たちもまたニゴイをたくさん食べたゆえに水俣病になったと主張するようになったと言えます。しかし、初期の患者の発症は左岸の河口付近における特殊要因によるものであり、他の地域において、ニゴイを多食したことにより水俣病になったということはありえない話だと言えます。

その理由の一つは、被害者が食べたとするニゴイの量と、実際のニゴイの漁獲量の差があまりにも大きいからです。

『新潟水俣病のあらまし』において「その被害者は『公害健康被害の補償等に関する法律』に基づき認定されている患者が二〇一九年十二月三一日現在七一五人、その他にも健康被害を受け水俣病被害者として水俣病総合対策医療事業による給付の対象となっている人が二〇一九年十二月三一日現在で二九八〇人にも上っており、被害者の多くは高齢化し、亡くなっている人も多数います。」としています。

何らかの形で水俣病とみられる人の数は三七〇〇人以上になります。この人たちが一年で百キログラムの魚を食べたとすると、その数量は三百七十トンになります。このうち半分をニゴイとすると、その数量は百八十五トンとなります。

一九六三年のニゴイの捕獲量は六トンでしかありません。何らかの形で水俣病と認められた人たちが食べたとするニゴイは捕獲量の三十倍以上ということになります。家族も同じように食べていたとすれば五人家族として九百トン、その他の人もニゴイを食べていたとすれば、その総計は千トン以上となり、これは阿賀野川の川魚の漁獲量（八十トン）の十倍以上になります。これは誤差の範囲とは言えないものなのです。

元気な魚は簡単に捕まえることはできないのであり、これは初期の認定者が、かつて通船川にいた瀕死の魚（ニゴイ）を捕獲、摂食していたことを証明するものであると言えます。

阿賀野川の漁業協同組合員のニゴイの漁獲量は、最も多い大形濁川漁協で組合員一人あたりの一年間における漁獲量は約五キロ、ニゴイ一匹五百グラムとすると十匹でしかありません。

漁協組合員は漁獲量を少なめに申告する傾向があると言いますが、それは主に税金対策であると言えます。しかし、ニゴイは商品価値がなく、売れない魚であり、ほぼ全て自家用と言えます。自家用に税金がかからないとすれば少なめに申告する必要はないと言えます。

申告は、阿賀野川の魚の状態を知るためのものと思われ、ニゴイの漁獲量はほぼ正確とみてよいと思われます。

私は子供の頃、近くの小川などでよく魚を獲っていましたが、本を書くまでニゴイの存在を知りませんでした。これは漁協組合員を除いた多くの人に言えることだと思います。

ニゴイはもともと漁獲量が少ない魚ですが、漁協組合員以外の人がニゴイを捕獲することはまず不可能だからです。

それはニゴイが釣って獲ることのできない魚だからです。『くらべてわかる淡水魚』によれば、「ニゴイの仲間は日本では一属三種。いずれも釣りの対象にはほとんどならない」としています。ニゴイが食べるのは「ユスリカなどの底生動物」であり、「口は下向きにつく」とあります。セスジユスリカは、「ゆるい流れや止水の泥の中に潜っており、泥の中の有機物を食べる」とあります。（『水生生物ハンドブック』）。

ニゴイが釣れない以上、他には網で獲るしかありませんが、阿賀野川で網を使って魚を獲る場合、漁協に加入しているか、あるいは漁業権を持っていることが必須条件と言えます。ニゴイを獲ることができるのは漁協組合員などに限られると言えます。

たとえニゴイを獲る権利を持っていたとしても、舟や網の購入代金、保守管理や魚獲りにかかる時間を考えれば、魚は行商人から買う方が断然お得なのです。ニゴイで水俣病になることはないのです。また後で取りあげますが、第一次訴訟において、裁判官がニゴイの漁獲量について十分な検証をしなかった罪は限りなく大きいのです。

漁協組合員を除けば、ニゴイは獲ることのできない魚であり、また獲るに値しない魚なのです。今回の事件は、下山や津島屋の人々が瀕死の魚を食べた結果起きたのです。確かにこれは発表する前で毒が入っていることを知らなかったとも言えますが、それでもやはり瀕死の魚を食べて発症したとしたら、その責任は食べた人にもあると言えます。それがまた新潟水俣病の原点になったのです。

釣った魚で水俣病？

水俣病の患者たちの食べた魚の半分はニゴイでした。そのニゴイは釣りで獲ることが不可能であるとしたら、釣った魚を食べて水俣病になることはないと言えます。そのことは置くとして、釣った魚で本当に水俣病になるのか検討してみたいと思います。

釣りの場合にも漁業権などの制約を受けるかと思いますが、アユなどの一部の魚を除けば、実質的には誰もが釣ってもかまわないと言えます。サケやヤツメウナギと違い、川魚は商品価値のない魚であり、また釣る量もたかが知れていると言えます。

太公望ならよく知っていると思いますが、魚は簡単には釣れないのであり、一匹も釣れないということも多いと思います。前著でも取りあげたことですが、ルポライターの五十嵐文夫は著書『新潟水俣病』の中で、自己の体験した魚釣りについて次のように述べています。

魚釣りが、この町ではレクリエーションとしてさかんなことは私も認める。しかし、それはあくまで趣味であって、タン白源の補給を目的としたものではない。

私自身、日曜日ごとに、つり糸を垂れ、多い時には五～六匹つりあげて夕食のおかずにしたことがある。つまり鹿瀬町と食生活との関係は、この程度のものなのだ。

鹿瀬町に住む遠藤ツギは、夫が釣ってきた川魚を食べて水俣病になったとしています。夫は町役場に勤めており、朝晩、毎日のように川魚を獲っていたと述べています。しかし、五十嵐文夫の体験談からもわかるように、釣りによってたくさんの川魚を獲ることなど不可能なのです。五十嵐文夫は、ほぼ一日、少なくとも半日かけて、多い時で五～六匹としています。朝晩だけで大量の魚を釣ることなど不可能なのです。遠藤夫妻がどこに住んでいたかはわかりませんが、自宅と釣り場、それに町役場間に距離がある場合、魚を釣る時間はないことになります。

阿賀町は豪雪地であり、冬は釣り場に行くことは不可能と言えますし、雪の中で魚釣りなどありえないと言えます。また冬は陽が短く、最も短い時ですが、日の出は七時、日の入りは四時半です。遠藤ツギの夫は暗い中で魚釣りをしていたことになります。

遠藤ツギは、病気などで夫が魚を獲れなかった期間は干魚を食べていたとしています。その期間は昭和三十九年十一月より、昭和四十年四月までとしており、約半年分の干魚を作っていたことになります。遠藤は暖かい時に干魚を作り、冬に干魚を食べていたことになります。

干魚を作るのは簡単ではないのです。一日市の近家が干魚を作れたのは、一時的ですが大量の魚が獲れたことと、それが冬であったということです。冬ならばほぼ一日いろりを燃やしており、少し位ほうっておいても魚は腐る心配がないからです。それと干魚を作るには時間を必要とします。冬は農閑期であり、一日市の近家には時間的余裕がありましたが、勤め人には干魚を作る時間的余裕はないと言えます。

遠藤ツギの髪からは百ＰＰＭの水銀が検出されていますが、夫からはほとんど検出されていません。夫は病気の期間中とありますが、約半年も休むとすればかなり重い病気と言えます。自分が釣ってきた魚を妻だけが食べて自分は食べないとしたら、何で無理してまで魚釣りをする必要があったのかということになります。

遠藤ツギは自宅で野菜、果樹を栽培しており、水銀入り農薬も使用していることから、遠藤ツギの髪から検出された水銀も農薬によるものとみるべきなのです。水銀の経時変化も、野菜の生育状況を考えれば不自然さはないのです。

もし、遠藤ツギの髪の水銀値が川魚によるものであるとしたら、鹿瀬町に住む他の人からも水銀値の高い人がいて当然と言えます。しかし、他にこのような水銀値の高い人はいません。突発的な遠藤ツギの水銀値の高さは農薬とみるべきであり、病気の原因もまた散布農薬によるものと言えます。

新潟水俣病発生当初、上流や中流に患者はいませんでした。ルポライターの五十嵐文夫も、釣った魚で水俣病になることはないとしています。遠藤ツギの夫の釣ってきた魚にはニゴイも含まれています。ニゴイは釣れない魚なのです。遠藤ツギの話は、私からみれば彼女の夫が川魚を獲っていないということを証明しているようにみえるのです。

新潟において、釣った魚を食べて水俣病になるということは、まずはありえないと言えます。最も多食したとするニゴイが釣れない魚であるとすると、釣れる魚の種類、漁獲量は大幅に制限されます。そして、最大の要因は、一つは天候であり、今一つは時間です。

新潟は冬になると雪が降ります。当時は今と比べてはるかに多くの雪が降りました。車もほとんどなかった時代、生活道路を除けば一面雪野原、川沿いにある集落を除けば阿賀野川に到達することさえ困難でした。川沿いでも、河川敷が広ければ困難さは同じです。雪は山間部ほど多く、魚の動きも悪いことから、十二月～三月末くらいまでは魚釣りはできない、しないと言えるでしょう。新潟の冬は雪の日が多く、吹雪混じりの日が多く、このような状況下で魚が釣れないことは明白です。釣りは雨もまた障害になります。雨が降ったゆえに釣れないとは言いませんが、釣果の大幅な悪化は明白です。雨の多い梅雨の時期、晩秋の十一月、冬を加えると、魚の釣れるのは一年の半分もないと言えます。

今一つの時間ですが、魚を釣るためにはある程度まとまった時間が必要です。阿賀野川流域の住民の多くは農業従事者であり、四月から十一月までの間は農繁期にあたり魚を獲っている時間はありません。釣りは趣味としてならともかく、採算面から考えたら、この上ない非効率な漁獲方法と言えます。

もし、阿賀野川の川魚を食べて水俣病になるとすれば、それは漁協の組合員の一部の人でしかないのです。魚を獲るための好条件をそなえた一日市の近家においても、水俣病の発生した頃を除けば、一日の平均の漁獲量は一～二匹でしかないのです。阿賀野川の川魚を食べて水俣病になることはないのです。

阿賀野川の川魚は有限である

「水清くして魚住まず」と言います。阿賀野川の水は澄んでおり、そのまま飲めるような印象を受けます。これに対して、信濃川の下流や新井郷川の水はいくぶん濁っているようにみえます。私はこれを泥の粒子によるものと思っていましたが、多くはプランクトンによるものであったのです。

それはまた漁獲量にも表れています。川魚の代表的な魚であるコイとフナの合計は、阿賀野川が二十一トンでしかないのに対して、信濃川百五十三トン、福島潟も百三十五トンあります（一九六三年）。生息面積の広さのちがいがありますが、信濃川の漁獲量は阿賀野川の七倍以上あります。また、生息面積と漁獲量から見る魚の密度は、福島潟が阿賀野川の四十倍程度あります。阿賀野川の魚の密度の低さは、魚を獲るうえで、このうえなく不利なのです。

阿賀野川は水俣病の原因となる川魚は少なく、そして獲れないのです。それは一日市の近喜代一の日記によっても証明されていると言えます。近は若い頃から日記をつけており、そこには獲れた魚の数も記入されています。

近は阿賀野川の川魚を大量に獲ることのできる条件を全て揃えていました。半農半漁とは言え、サケやヤツメウナギを獲る権利を持っていました。堤防をはさんでいるだけで、川は目の前にありました。そんな好条件にもかかわらず、川魚の漁獲量は家族全員が食べるには程遠い量でした。まずは近の漁獲量についてみていきたいと思います。

以下は、五十嵐文夫の『新潟水俣病』に記載されているものですが、ここでは魚の数だけを抜粋し、漁獲は関係のある記述のみ記載します。

三十九年
七月二十八日（2）
十月三日（7）
十月九日（記載なし）。父、近ごろハエナワを始めた。
十月十四日（記載なし）。初網（ニゴイを手で捕まえた日です）
（このあと、汚染された魚が大量に獲れたことと、サケ、ヤツメウナギの漁期のため三月末まで省略します）
四月二十三日（5）

五月六日（記載なし）
五月二十二日（記載なし）
六月二日（記載なし）
六月十五日（2）
六月十六日（3）
六月十七日（4）
六月十八日（記載なし）

日記から引用した日数は十二日です。この期間中に獲れた魚は、手で捕まえたニゴイを含めて二十四匹であり、一日平均では二匹でしかありません。しかも獲った魚の数が書いてあるのは六日で、記載されていない日が半分あります。これが、漁に行ったたか、行かなかったのか、あるいは漁に行ったが獲れなかったのかは不明ですが、この数字を見る限りでは、とても大量の魚を獲っていたとは言えないということです。

多くの人は、いつも同じように川魚を獲っていると思っていると思いますが、川魚を獲るには季節的な制約を受けることが多いのです。

近家はサケやヤツメウナギを獲るための定置網を設置していますが、これに川魚が入ることはほとんどないと言えます。この定置網はサケやヤツメウナギなどの遡上魚を獲るためであり、川魚とは行動形態が異なることや網も異なるからです。

また、サケやヤツメウナギの漁期は十一月から三月にかけてですが、この時期になると川の水も冷たくなり、川魚の動きは鈍くなります。この時期に獲れるのは大半がサケやヤツメウナギであり、川魚はほとんど獲れないと言えます。

残る四月から十月にかけては農繁期であり、漁に行く日は少なくなることが考えられます。川魚は冬はほとんど獲れず、その他の時期も漁に行ける日数には限度があります。このようにみてくると、近家でさえも一日平均では一匹以下ということも考えられます。通常であれば、たとえ昭和電工から水銀が流出し、それが川魚を汚染したとしても、近家でも水俣病になることはないと言えます。漁獲量からみても、水俣病は存在しないと言えます。

昭和四十年（一九六五年）六月二十日の新潟日報の社会面において、かなり大きな文字で「水俣病究明に貴重な資料」との題名のもと、「食べた魚など記録」とあります。以下はその内容です。

阿賀野川下流の水俣病については、今のところ、魚が一つの原因ではないかと推定されている程度だが、犠牲者の一人、新潟市一日市、近喜代太さんの長男喜代一さんが詳しく記録していた生活日誌のあることがわかった。それは毎日とった魚の数や、その魚をどうやって食べたとか、ネコが死んだこと、川に魚が浮かんだこと、農作業の様子、父喜代太さんの症状―などが詳しく書いてある。水俣病の原因究明に役立ちそうな貴重な資料である。

新潟日報は近の日記を貴重な資料としています。新潟日報を始めとするマスコミや、新潟水俣病の原因究明にあたった人たちは近家の川魚の捕獲状況を正確に知ることができる立場にあったのです。しかし、その後、この近家の魚の捕獲状況の全容が明らかになったようにはみえません。

なぜこのような貴重な資料が生かせなかったのでしょうか。過去一～二年の川魚の捕獲数を調べるのがそれほどむずかしいとは思われません。わからないことがあれば直接本人に聞くこともできます。近が獲っていた川魚は一日平均一匹程度と考えられます。地震のあとの一月～六月に川魚が多く獲れましたが、その時期には魚の浮上もみられ、特殊要因によるものと言えました。水俣病が下流域にのみ発症したのは、この地域の住民が川魚を多食する文化があるというものでした。近の日記はそれを否定する証拠と言えました。昭和電工原因説を主張する人々にとって、それは「不都合な真実」ゆえに事実上隠蔽されたと言えます。

一九五九年一月、昭和電工鹿瀬工場に積んであったカーバイドの山が崩壊し、大量のカーバイドが阿賀野川に流出しました。このカーバイドの流出によって阿賀野川は白く濁り、阿賀野川の川魚は全滅したと言われています。事実、この年と翌年は川魚はほとんど獲れなかったとしています。三～四年後から徐々に漁獲量は増えていったとしており、これは支流から移動してきた魚の繁殖による結果だとしています。

堀田恭子は『新潟水俣病問題の受容と克服』の中で、「被害魚として六百六十三トン。川に浮いた量のうち捨取した魚が六十一・八トンだった」としています。この数字がどこから出てきたものかわかりませんが、もしこの事件によって阿賀野川の川魚が全滅したとすれば、昭和電工から下流においては七百トン前後の川魚しかいないことになります。

阿賀野川に生息する川魚を七百トンとして、そのうちどれだけ補獲できるのでしょうか。

せいぜい一割程度だと言えます。阿賀野川の一九六三年の川魚の捕獲量は約八十トン、これが一つの目安と言えます。

　阿賀野川の川漁は有限なのです。水俣病と認定された人が食べたとする川魚の推測量は漁獲量の何倍にもなります。新潟水俣病は「まぼろし」と、瀕死の魚で水俣病」と言えます。

新潟水俣病を終らせるために

　水俣病は終らないとしています。患者の会や支援者たちは今も健康調査をするように求めていますが、これが何の役に立つのでしょうか。当時二十代で若者だった者も、今や全員が七十五歳以上の後期高齢者となり、この歳になれば病気の一つや二つを抱えているのが普通です。現在の時点において、水俣病の認定に結びつけようとする健康調査は新たな混乱を生み出すだけと言えます。

　水俣病の迷走の原因の一つは、個々の人たちの川魚の漁獲状況を調査しようとしなかったことも原因ですが、それを正確に把握することが困難だったことも確かです。新潟水俣病の発生から六十年近くたった今、そのことを知ることは不可能のように思いますが、私はまだ可能だと思っています。それは、水俣病の認定者のいる地域住民にアンケート調査を実施することです。今ならまだ、当時の状況を知る人はたくさんいます。

ここで大事なことは、この調査から、水俣病と認定された人や、認定申請したことのある人を除くということです。この人たちは、水俣病と認定してもらうためには川魚を多く食べている必要があり、正確さを欠くことになるからです。

アンケートの基本となるのは、原則的には『新潟水俣病は虚構である』でも取りあげた「水俣病と名乗る人への質問状」と同じ趣旨のものでよいと思います。

具体的に個人名を挙げて、その人は本当に阿賀野川の川魚を食べていましたかを問えばより正確な調査ができますが、これだといろいろと問題が起きかねません。そこでこれを集落単位でみていくことになりますが、それでも漁獲の実態はみえてくると思っています。

それでは次に、どのようなアンケート調査をするのかを列挙してみたいと思います。

① あなたの集落の戸数

② 集落のなかで漁協に加入している人及び漁業権を持っている人は何人いましたか。

③ 集落のなかで、阿賀野川の川魚を獲るための舟や網を持っている人は何人いましたか。

②と③は一体と考えてもよいと思います。基本的には、漁業権をなくして、舟や網を使って魚獲りはできないと言えます。一方で、漁業権を持っていても、舟や網を持っていない人もいると思い分けました。

④　あなたの集落で毎日のように川魚を獲っている人は何人位いましたか。

⑤　あなたは魚をどのような方法で入手していましたか。

(1)行商人から買った。(2)その他。

全員が魚の行商人と答えた場合、集落全体でも、ほぼ全員が行商人から魚を買っていたと考えられます。

⑥　あなたの集落から阿賀野川まで、河川敷を含めてどの位の距離がありましたか。

原則的には堤防沿いであると言えます。私は五百メートルが限度であると思っています。舟や網の保守管理、また、昔は雪が多く降ったことから、阿賀野川まで行くことは容易ではありませんでした。

⑦　あなたはニゴイという魚を知っていましたか。またそれを捕まえたり、食べたことがありますか。

私は、水俣病の本を書くまでニゴイという魚をまったく知りませんでした。水俣病と認定された人が食べた魚は、その六割がニゴイでした。ニゴイは釣りに適さない魚であり、舟や網を持たない人がニゴイを捕獲することは事実上できないと言えます。

⑧ 当時のあなたの集落の主な職業は何でしたか。

多くは農業と思いますが、冬の一～三月を除いて魚を獲りに行く時間はありませんでした。特に農繁期は忙しく、眠る時間さえ削っていたのです。勤めている人も通勤時間を考えれば休日以外に魚を獲ることは不可能と言えます。

魚は行商人から買うものであり、獲れるか獲れないかわからない魚を手間ひまかけて獲る者など誰もいなかったのです。

⑨ あなたの集落に水俣病と認定された人は何人位いましたか。

⑩ あなたは、その人たちが本当に水俣病だと思いますか。

⑪ あなたは世間話などで、水俣病に認定されるにはどうすればよいか、などといったことについて見聞したことがありますか。

水俣病と認定された人たちは毎日のように川魚を食べていたとしていますが、水俣病と距離を置く人たちのアンケート調査をすることによって、それらが事実でないことがわかると思います。そしてまたこれは健康調査よりも簡単に、そして確実に水俣病の存在を知ることができると思っています。

水俣病と名乗る人や、これを支援する学識者や組織などは水俣病は終わらないとしていますが、もともと新潟水俣病は存在せず、虚構なのです。水俣病と名乗る人たちは、漁獲の実態が不明確なことから、獲ってもいない川魚を食べていたとして利益獲得に走ったのです。水俣病を終わらせるためには、水俣病とは距離を置く人たちの声を聞き、漁獲の実態を知ってもらうことが最も適切であると言えます。

阿賀野川の川魚を獲っていたのは、左岸の河口近くのごく一部であり、この人たちを除けば、阿賀野川で川魚を獲っている人はいませんでした。これは誰もが知っており、それは「声なき声」と言えました。マスコミが報道するのは水俣病と名乗る人のものばかりで「声なき声」が報道されることはありませんでした。マスコミの限界です。現地の実情を知るためには「声なき声」を聞く必要があるのです。

今はまだ当時の実情を知る人はたくさんいます。水俣病に決着をつけるためにも、アンケート調査をぜひとも実施すべきなのです。

第二章　学識者の迷走と葛藤

椿教授の不運

新潟水俣病は一九六五年、新潟大学医学部神経学科の椿教授の発表から始まりました。椿は、第1号患者の頭髪から三九〇ＰＰＭの水銀が検出されたことなどから、新潟にも数名の水銀中毒患者が存在し、その他にも数名の水銀中毒患者、及びその疑いのある死者が出ていたことを発表します。

水銀中毒と言えば水俣病、人々は熊本の水俣病を教科書として行動を起こすことになります。

椿にとって不運だったのは、新潟の水銀中毒事件の構造が熊本の水俣病と同じだったということでした。水俣病の原因がチッソの工場から排出された水銀であるとすれば、同じようにアセトアルデヒドを生産している昭和電工に疑いの目が向けられるのは当然とも言えました。他に原因は考えられませんでした。横浜大学教授の北川徹三が主張した塩水クサビ説は根拠が弱く、彼を除くほぼ全ての人が昭和電工に疑いの目を向けていました。椿とて例外ではありませんでした。

椿にとって第二の不運は、新潟がまったくの未知の土地であったことです。椿も、新潟に何年か住んでいれば、新潟の地理、風土、生活習慣などを知ることができたと思いますが、椿はこれらを何一つ知ることなく、しかも学術的にも多くの未知の部分を抱えた水俣病に対処しなければいけなかったのです。

椿は赴任当初、阿賀野川がどこを流れているのかも知らなかったと言います。新潟に長年住んでいれば、その症状の多くは、いわゆる農夫症に似たものであることを理解できたと思いますが、それらは東京では考えられなかったことだと言えました。

水銀についても、イモチ病防御のための農薬の中に水銀が入っていたことを頭の中で理解していたとしても、散布された農薬が毛髪や魚の水銀値をあげることまでは理解できなかったと言えます。魚の行商人の存在を知っていれば、人々が川魚をほとんど食べていないことも理解できたと思います。東京育ちの椿にとって、新潟の実情の多くは想定外だったと言えます。

第三の不運は、調査・研究が不十分なまま発表せざるを得なかったということです。椿は症例の少なさなどから、今少し調査をする必要があると考えていましたが、これが共産党の機関誌『アカハタ』（現『赤旗』）の記者の知るところとなり、発表に踏み切ります。未知の新潟において、たとえ半年くらい発表を延ばしたところで得られるものは知れているとも言えましたが、それ以上に厚生省特別班の中の疫学研究班の壁が大きかったと言えます。

椿の発表後、国は総力をあげて新潟水俣病の調査・研究に乗り出します。科学技術庁や厚生省が中心となって研究チームが発足します。厚生省においては、特別研究班が作られ、これをさらに疫学研究班、試験研究班、臨床研究班に分け、調査、研究が始まりました。椿は臨床研究班に所属し、原因究明の方は疫学研究班が担うことになりました。

疫学班は、新潟水俣病の原因は初めから昭和電工と決めつけていました。それゆえ調査したものについても、自分たちの趣旨に沿ったものだけを発表し、不利なものは隠蔽、またたは本質のすり替えと、権限を駆使して昭和電工原因説を形成していったのでした。また一部の学識者たちも功名のためか、昭和電工原因説に少しでも有利な材料捜しに奔走し、ときには現実離れをした理論を展開していきました。ここにおいて椿は真実を知る機会を失い、疫学班の資料に頼らざるを得ない状況になっていました。

椿にとって最大の禍根は、あまりにも多くの人を水俣病と認定したことでした。水俣病の認定基準といったものは、熊本の水俣病に比べてはるかに緩いものでした。熊本の水俣病の認定において重要な役割を果たした医師の原田正純は『水俣病』の中で次のように述べています。

その間の事情については、椿教授が次のように述べている。「有機水銀中毒者の症状は、ハンター・ラッセル症候群として知られている。われわれは、当初、かかる典型例を目標にして患者の発見につとめた。しかし疫学的調査により集められた患者の場合、きわめて軽微な症状のものから、重症例まで存在するはずである。かかる軽症例は、従来の報告では必ずしも中毒症として取り扱われていないが、われわれは本症の診断は新しい概念を取入れるべきと考え、下記の診断根拠により、診断を行なった」と。

すなわち、綿密な疫学的な調査のなかから、ひとつの診断基準を確立していったのである。ハンター・ラッセル症候群が完全にそろわなくても、二つ以上の症状のあるものは、毛髪水銀量が五十PPM以上という事実から、毛髪水銀量と、知覚障害と言語障害あるいは運動失調のいずれか一つの症状との組合わさったものは、水俣病と診断されていった。さらに、水俣病と診断できないものでも、要観察者、水銀保有というものを設けて、これをさらにその後、追跡したのである。

椿にとって、毛髪の水銀値の高さは全て汚染された魚を食べた結果だと思っていたと思われますが、農薬散布に関わっていたものにとって、毛髪の水銀値が五十ＰＰＭでも何ら不思議ではなかったのです。

そのことは措くとしても、水俣と新潟では患者認定には大きな違いがありました。

主な症状による認定の違いは次のようなものです。

知覚障害　水俣百パーセント、新潟九三パーセント

視野狭窄　水俣百パーセント、新潟三七パーセント

運動失調　水俣九三・五パーセント、新潟六五パーセント

言語障害　水俣八八・五パーセント、新潟三七パーセント

これを見ると、特に視野狭窄と言語障害に大きな差がみられます。また運動失調においてもかなりの差がみられます。水俣においては、視野狭窄は水俣病の必須条件であるのに対して、新潟では三分の一程度でしかありません。原田はこの数値をみて、水俣では今の三倍の患者がいることになるとしています。椿は神経学会の第一人者であり、原田も、水俣病に対する椿のあり方に一種の敬意を感じています。

椿はなぜそこまで幅広く救済しようとしたのでしょうか。当時の状況を考えるとやむを得ない面があったと言えます。

多くの人がそうであったように、新潟の水銀中毒の原因は、昭和電工から排出されたメチル水銀と思われていました。しかし新潟における汚染物質はメチル水銀ではなく、一般農薬の毒物によるものなのです。それゆえ厳格にハンター・ラッセル症候群をあてはめれば、新潟には水銀中毒患者はほとんどいないことになります。しかし毛髪から水銀が検出され、原因は昭和電工以外考えられない状況においては、自然とその認定基準は緩くならざるを得なかったと言えます。

そこに今一つの要因がありました。熊本の水俣病患者の置かれた悲惨な状況から、新潟の水銀中毒患者に対しても「救ってやりたい」という想いがあったからだと思います。

また椿は、新潟水俣病の存在を世に知らしめた人であり、そこには一種の「気負い」というものがあったと思います。新潟水俣病に対して、自分も何か役立ちたいというのは、水俣病に関わった者の共通認識であったと言えます。ただ多くの人は「初めに結論ありき」であり、それが多くの迷走や暴走を引き起こしたと言えます。

椿は高潔な人であり、そしてまた神経学会の第一人者と呼ばれていました。しかしそれは象牙の塔の世界での話でした。そこは純粋に学問の場であり、患者を苦しみから解放するなど、純粋に医学的な面だけを追求していく世界でした。

しかし、新潟水俣病は、それだけでは済まない問題を含んでいました。水俣病と認定されれば多額の賠償金が手に入るのです。水俣病と名乗る人たちは、水俣病の認定を得るために、いかにしたら水俣病の認定を受けられるかのノウハウを駆使したと言います。これは『新潟水俣病は虚構である』でも述べたことです。これを教えてくれたのは、当時賠償金獲得をめざしていた金融関係者でした。しかし、水俣病と名乗る人たちが一定の勢力を持っている状況下において、証言等は望むべくもありませんでした。高潔な椿にとって、欲望渦巻く俗世間は完全に想定外であったのです。

厳格にハンター・ラッセル症候群を適用した原田、患者救済に重きを置いた椿、このことについて原田は次のように述べています。

新潟を離れる帰りの汽車の中で、思いはあの不知火海に飛んだ。新潟のレベルまで徹底的に患者を掘りおこしていったら、熊本の患者の数はどれだけいるのか、まったく想像もつかない。このやり切れない気持ちはどうしようもなかった。(『水俣病』)

原田も、後年の椿も、患者の底辺拡大には複雑な思いを抱いていますが、向う方向は逆と言えました。原田はそこに水俣病の広がりにおののき、一方の椿は、そこに昭和電工や国のことを考えていました。

椿教授はどこまで知っていたか

後年の椿は変節したと言います。そのことについて、沼垂診療所の所長であった斎藤恒は次のように述べています。


三つめの認定に関する事だった。

汚染の事実がはっきりして、四肢の感覚障害があれば認定しても良いのではないか、という私の質問に対し、椿教授は、「斎藤君、君の言うことはわかる。それは今まで認定されているよりもっとピラミッドの底辺まで認定しろということだろう。しかし、そうなったら昭和電工や国はやっていけるだろうか?」といわれた。

私は驚いて、「椿先生ともあろう人からそんな言葉を聞くとは思わなかった。それは政治的に医学を歪めることではないですか」というと、椿教授は「でもねー」と言って黙ってしまった。(『新潟水俣病』)

斎藤は、椿が昭和電工や国のために変節したように書いていますが、私は椿が政治的理由だけで医学を歪めるようなことはないと思っています。裁判での判決などから、その後の水俣病の認定を求める申請者の急増など、それは椿の懸念を示しているようにもみえますが、それは一つのきっかけにしかすぎなかったと言えます。

当初の椿はともかく、その後の椿はさまざまな情報を得ることによって、しだいに水俣病に疑いを持ち始めたのだと言えます。しかし、原因は昭和電工から排出された水銀という概念を払拭できない以上、椿も水俣病の認定にあたっては迷走せざるを得なかったのだろうと思います。

椿は、第三の水俣病の疑いが出てきたときもこれをきっぱりと否定しており、誰の目にも椿の変節は明らかになっていきました。一時は尊敬の念を抱いた熊本の原田医師も、その後は訣別しています。

このことについて原田医師は次のように述べています。

しかし、転機が訪れたのは第三水俣病事件であった。この事件をめぐって椿先生と私達は完全に袂を分けた、「感覚障害主徴の水俣病があり得る」という私の発言に椿先生は「神経内科をなめてはいけない。学会をあげて君と対立する」と声を荒げて怒鳴られた。「先生から教えていただいたのですよ」と言おうとしたが、その言葉を呑みこんだ。環境庁のある研究会のことで、私より居合わせた神経内科の医師たちがふるえ上ったと思う。それ以来「感覚障害だけの水俣病」というのはタブーになったのだろう。その中で最後まで変らない友情を示してくれたのは白川先生だった。(『阿賀よ忘れるな』)

この時の椿の怒りは、新潟水俣病において、過去に診察した患者への怒りが背景にあると言えます。

当初の椿は水俣病と名乗る人の多くを水俣病と認めていたと思います。初めに症状ありきであり、感覚障害だけでも水俣病と名乗る人の言葉を信じて水俣病と認定していったと言えます。詐病を含めて、初めに症状ありきであり、それをもとに認定基準を作ったと言えます。

椿は神経学会における第一人者です。やがては、水俣病をめぐるさまざまな事象、メチル水銀による症状なども詳しく知ることになります。何よりも神経の病気については誰よりもよく知っていました。そこに本当に水保病なのかという疑いが生まれてきたと言えます。

一日市の自動車修理工の発症、死亡は従来の水保病の発症基準にはあてはまらないものでした。この自動車修理工の毛髪検査については「測定なし」となっており、事実上水銀は検出なしと言えました。水保病は水銀に汚染された魚を長期間食べ続けることによって発症します。水銀が毛髪にいく前に発症、死亡することはありえないことなのです。毛髪の水銀値が農薬散布などの影響を受けることや、いわゆる農夫症の存在なども知ることになります。椿は、当初の自分が作った認定基準を見直す必要に直面していたと言えます。

私は、前著『新潟水保病は虚構である』において「患者の言葉にはウソがある』ということを紹介しました。このことについては椿の診断によるものと言えますが、今一つ重要な役割を果たしたのが看護婦（当時）の存在だったと言えます。

確かに当初の椿は何も知らなかったと言えました。しかし看護婦の多くは新潟の実情をよく知っていました。市の中心部などにいる人たちのなかには何も知らない人も多くいたと思いますが、看護婦の中には水保病患者のいる地域の人も多くいたと思います。この人たちは、水保病と名乗るほぼ全ての人が川魚をまったく食べていないことを知っていました。魚は行商人から買って食べるものであり、手間ひまかけて獲る人などいなかったのです。そしてまた、水俣病と名乗る人の症状が作為的なものであることを知っていました。

このことについて、斎藤は『新潟水俣病』の中で次のように述べています。なお全文だと長くなるので要約します。

詐病の疑い

斎藤は「水俣病ほど詐病を疑われた病気を私は知らない」としており、その例として本田英夫さんを紹介しています。本田さんは津島屋で自転車店を営んでおり、十数軒の得意先から魚をもらって食べていたとしており、主にニゴイを刺身にして食べていたと言います。当時の毛髪の水銀値は二〇一ＰＰＭ、水俣病の疑いで新大内科にも入院しています。その時の状況について本田さんは「斎藤先生、私はこの歳まで、こんなに侮辱されたことはなかった、私の病気が詐病というんだ。入院して私が夜、便所に行くと看護婦が白い目で歩きかたまでみている。そして先生の前と歩き方が違うといわれた。もう大学病院など絶対に入院したくない」ということだった。

本田さんはその後、斎藤らの活躍もあり、再度神経内科に入院することになります。退院して受診したとき、私が入院生活はどうだったか聞くと、本田英夫さんはニコニコしながら「今度の神経内科の先生方は椿先生はじめ、ばか親切だった。看護婦さんまでまるで違っていた。別の病院に入院したようだった」という。本田さんはその後水保病に認定されています。

本田さんはニゴイを多く食べ、毛髪の水銀値も二〇一PPMもあることや、水俣病とみられる症状もあることから一応水俣病と言えるかもしれません。しかしこれは例外と言えました。水俣病と名乗る人の症状の多くは看護婦さんの言うとおりという人が多かったものと思われます。水俣病と名乗る人たちは、水俣病の認定を受けるためにノウハウを駆使していたのであり、看護婦はそのことを知っていたからです。

再度入院して状況が変わったのは、一つは椿の心がゆれ動いていたからであり、看護婦が親切になったというのは椿の権威を物語っていると言えます。そこには椿と看護婦の間には壁のようなものがあって、椿が新潟水俣病に疑いを持つまでは看護婦も気軽に新潟の実情を話せる状況にはなかったと言えます。

椿も、第一次訴訟の判決前においては、その心情に大きな変化はなかったと思います。

しかし判決を契機として椿の心はゆれ動いていったのではないでしょうか。それは水俣病と名乗る人が本当に水俣病なのかという潜在的に持っていた疑いが浮上してきたとも言えました。初期の二十六人を除けば重症患者はおらず、外見上からは健常者と変わらず、医学的に、あるいは看護婦からの情報などからしだいに不信感を強めていったと言えます。『新潟水俣病は虚構である』で私は水俣病と思われる患者の嘘の話しか紹介しませんでした。しかし椿は、もっと幅広く新潟水俣病に関わった人たちにも疑いの目を向けていました。

当時、新潟大学医学部公衆衛生学教室の助教授だった滝沢行雄は、二〇一五年三月二十六日付の新潟日報で次のように述べています。

被告側に立った新潟水俣病第2次訴訟以降「国の人」「変節」という批判がつきまとう。

椿の願いであったとは言え、あの法廷で国側に立ったのはなぜか。滝沢はこう答える。サイエンス（科学）を超えた要求をする原告が出てくれれば、当然のめない。新潟水俣病によって名声も批判も受けた二人の医学者。

生前の手記に椿は「戦友」として滝沢の名前を挙げている。そしてこんな問いかけも残した。私はすべての人が公害を自分の責任として考えなければならないと思う。自分自身が何か公害をつくっていないかを反省すべきではなかろうか。

ここで椿は「私はすべての人が公害を自分の責任として考えなければならないと思う」としています。それは、新潟水俣病に関わりのあった人全員に責任があるとも受け取れます。

『新潟水俣病は虚構である』で述べたように、昭和電工原因説を否定する事象は数多くありました。水道の存在、魚の水銀をめぐる混迷、魚の水銀値の低さやばらつき、最も多食したニゴイは漁協組合員でもその捕獲数は一年に十匹程度でした。椿は新潟の実情を知るにつれ、疫学班の言動にも不信の念を抱いていったと言えます。裁判における原告側の主張は机上の理論、空論ということもうすうす気付いていたと思います。そして、その理論、空論を支持する多くの学識者たちに対しても。

新潟水俣病を否定する事象は多くありましたが、その一方で原因は昭和電工以外に考えられませんでした。そこに椿の苦悩があったと思います。椿は、新潟水俣病が虚構であると思いながらも、それを証明する術を持ちませんでした。それが歯切れの悪さ、説得力の弱さにつながっていったのだと思います。

何よりも椿を苦しめたのは、この事態を招いたのは自分が新潟水俣病の存在を発表したからであり、かつ水銀中毒者とみられる人を救済するために認定基準をあまりにも緩くしてしまったことだと言えました。椿にとってこのことは悔やんでも悔やみ切れなかったのではないでしょうか。椿が、斎藤の言葉に反論できなかったのはこうした事情があったからだと思っています。

椿は神経学会の第一人者でした。自分の地位、名誉を考えたら黙っている方が得策と言えました。世の中ほぼ全員が原因は昭和電工と考え、その心情もまた水俣病と名乗る人たちに同情的でした。その人たちにとって椿は裏切り者と言えました。

椿は高潔な人であったと言われています。たとえ裏切り者と言われても、真実を曲げることは自分の良心が許さなかったのだと思います。椿の抱えた葛藤の大きさははかり知れないものがあり、それが椿の寿命を縮めたとも言えると思います。

動物実験を検証する（1）

新潟水俣病の発生を受けて、新潟大学公衆衛生学教室の助教授であった滝沢行雄は、猫や家兎を用いて動物実験を行います。そのことについて、滝沢は『しのびよる公害』の中で次のように記述しています。

以上の動物の斃死は、猫、犬が阿賀野川の汚染魚を患者の場合とまったく同様に多量摂食して発症したものと類推できた。そして、その汚染物質がメチル水銀化合物であることは想像に難くない。そこで、このような企図で、まず、飼育猫（生後六ヵ月の秋仔（♂）にメチル水銀が含有されていると思われる川魚（ニゴイ、ハヤ）を連日投与し発症実験を試みた。その結果、投与後約三ヵ月で特有な症状として、元気消失、よたよた歩き、震え、飛上り、突進、衝突、そり返りなどの失調性運動、痙攣性発作のいわゆる猫水俣病の自然発生に成功した。本症猫はこのような発作を繰り返し十日後に死亡したが、剖検し

表 2-1　猫の臓器別水銀沈着量

臓器別	メチル水銀沈着量（ppm）
肝	99.6
腎	73.5
胃	18.9
腸	34.4
大脳	1.7
小脳	0.3

出典：『しのびよる公害』

て精査したところ、各臓器からは表19（表2－1）のように多量のメチル水銀が検出された。また同時に検案した、小宅教授による病理組織的所見は大脳皮質全般および小脳の一部に強い障害を認めており、以上を結合して猫の水保病と明確に診定できた。

つぎに成熟雄家兎二匹（四kg、四・八kg）に塩化メチル水銀を固形飼料に混ぜ、約一mg／kgの割合で経口投与して、その一匹に投与後十四日、他の一匹には二十日頃からいずれも特異な水俣病様症状を惹起せしめることに成功した。写真9（画像が荒く転写不可）8㎜映写は痙攣（けいれん）性発作や遅鈍の症状を実験的に起こさせたのである。家兎の臓器沈着状況は、さきの猫における川魚投与の水銀分布とほぼ並行し、その特徴は、肝、腎の沈着量が脳の十倍以上の値を示した。

以上の所見は水俣地方で観察された動物水俣病の特徴に一致し、また阿賀野川中毒患者のそれとも一貫して矛盾がない。これは要するに、本中毒はメチル水銀で汚染された川魚を多食することにより惹起され、しかも、生体内に取り込まれたメチル水銀はなんら変化することなく、そのままメチル水銀化合物として臓器内沈着を示すことが解明された。

この実験については裁判でも取りあげられており、正当性があるように思われます。しかし、後で述べるように裁判には著しい偏向があり、裁判所がこれを取りあげていたとしても、私にはこれが正当性のあるものとは思えないからです。それというのも、滝沢の実験はあまりにも不可解なことが多すぎるからです。

まずは猫に与えた魚の量です。裁判における判決文の中の「理由」には次のような記述があります。

「餌付けは、まず、同年一二月中旬に阿賀野川河口からとったニゴイ、ハヤの七五〇g程度の焼魚を米飯に混ぜて与え、翌四一年一月ころから、毎日一~二匹（二年魚では一匹、一年魚では二匹）をいずれも焼いて投与した」とあります。

次は猫の大きさについてです。これについては「右発症猫は、斃死後直ちに解剖され、その病理学的検索が行われた。その結果は、体重一・五五kg、毛髪水銀量一七五ＰＰＭ……」としています。

猫の体重一・五五kgに対して、投与された魚の量は七五〇g程度とあります。それを米飯に混ぜてとありますから、少なくとも八百gは与えていたことになります。これは体重の半分以上です。人で言うなら、体重六十kgの人が毎日三十kgの魚や米を食べていたということになります。いかに食べやすいようにしてあるからと言って、体重の半分ほどの魚を毎日食べていたとは思えません。普通の人では、一日に食べる量は体重の一割以下だと思います。人について言えば、体重六十kgとすると、食べる量は六kg程度、滝沢の猫についてはあまりにも想定外のことゆえに、「そんな馬鹿な」という言葉しか出てこないのです。

次に水銀についてです。滝沢は多量のメチル水銀が検出されたとしていますが、患者の症状及び魚について、正式にメチル水銀としている例はないと言えます。

猫の実験を行った桑野家の自動車修理工について、裁判の判決における「理由」では次のように記されています。「同人は、死亡後同大学脳研究神経病理学講座で剖検された結果、前記認定のとおり、水俣病に一致する所見が得られ、中枢神経から大量のメチル水銀が検出された」としています。

ここにおいて裁判所は滝沢の主張をそのまま認めています。その一方で死亡した自動車修理工の桑野忠栄や、大野岸松の剖検については「以上の所見により、この二症例がアルキル水銀中毒症に属するものであることは疑いなし」としています。また「本件中毒症患者の発生地域で飼育された猫について組織学的検査を行ったところ、アルキル水銀中毒症に相当する病変を認めた」としています。

ここにおいて、滝沢の実験の猫のみがメチル水銀であり、死亡した人や、他の猫から検出されたのはアルキル水銀です。私の主張する農薬説では水銀はフェニル水銀であり、これで水俣病を発症することはないのです。滝沢の言うメチル水銀のみが検出されたとする猫の剖検には疑わしいと言うしかありません。

また裁判所は、一方で滝沢の主張をそのまま認めていながら、一方でアルキル水銀であるとしており、その整合性に欠けますが、そのことについての説明はありません。死亡した自動車修理工の頭髪は「測定なし」となっており、どうしてアルキル水銀としたのか。裁判においても、水銀に関しては「混迷きわまりなし」と言えます。

症状にも大きな違いがあります。猫の方は飛上がり、突進、衝突など、これらは明らかに劇症型と呼ばれるものです。

これに対して家兎の方は、猫とは対照的です。滝沢は写真9（注、P77、6行目）を示し、「痙攣性発作や遅鈍の症状」としています。この家兎は純粋にメチル水銀だけを経口投与したもので、その症状はハンター・ラッセル症候群と言えます。この写真からは、猫にみられる飛上り、突進、衝突などはないようにみえます。猫の臓器から多量のメチル水銀が検出されたとしていますが、それにしては症状の違いは大きすぎると言えます。
猫と家兎の発症までの期間にも大きな差があります。猫の方は発症まで三ヵ月ほどかかっていますが、家兎の方は一匹が十四日、もう一方が二十日と、猫とは大きな差がありま す。これは摂取したメチル水銀の差とも考えられますが、あまりにもその差は大きいと言えます。

猫は阿賀野川の川魚を食べさせたことにより発症したのであり、これは同じ川魚を食べていた近家や桑野の人々の症状や、発症までの期間も同じと言えます。同じメチル水銀でありながら、なぜ家兎と猫でこれだけの違いが出るのか、不思議としか言いようがありません。

表2－1は猫の臓器別水銀沈着量です。

滝沢は「家兎の臓器別沈着状況は、さきの猫における川魚投与の水銀分布とほぼ並行し、その特徴は、肝腎の沈着量が脳の十倍以上の値を示した」としています。

その「並行」は、ほぼ同じとも受け取れますが、沈着状況が似ているだけで量的には大きな差があるとも考えられます。症状のちがい、発症までの日数の差を考えると、そこには大きな差があると考えられます。

また「その特徴は、肝、腎の沈着量が脳の十倍以上の値を示した」とありますが、猫においては、大脳比で四～五十倍、小脳比では、肝が三三〇倍、腎で二四〇倍あります。私は滝沢が何を言おうとしているのか理解できません。滝沢は家兎のデータを示し、もっとくわしく説明する必要があります。

この水銀中毒は農薬によるものであり、含まれている水銀はフェニル水銀なのです。滝沢は、猫や家兎において「しかも体内に取り込まれた水銀は何ら変化することなく、そのままメチル水銀化合物として臓器の沈着を示すことが証明された」としていますが、これを裏づけるデータはないように思います。滝沢の解釈はあまりにも不可解であり、科学者としてのあり方を疑わせるものであると言えます。

滝沢は家兎のデータを示していません。私が滝沢の言動に疑念を持つのは、これらのデータを示すことなく「証明された」としている例が多いからです。

次はその一例です。

ところで椿教授らは、汚染時期を推定するため、長期間多量の川魚を摂取している婦人の長髪を一cm間隔で分割し、各部分について水銀定量を行い、経時分布を求めた。その結果、下流の農業倉庫の水銀の流出によるという説が完全に否定されること、また、川魚の汚染が明らかに上流の鹿瀬地区に及んでいることを立証した（『しのびよる公害』）。

これらのデータは公表されており、詳細に検討すれば、これらは全て嘘であることがわかります。このことは『新潟水俣病は虚構である』でも取りあげましたが、宇井の作成したグラフは、一般的にはあまり使われていない形式のものであり、その説明は滝沢の説明と似たようなものになっています。滝沢もまた「初めに結論ありき」であり、机上の理論、空論を展開し、新潟水俣病を混迷させた宇井と何ら変わらないと言えます。

動物実験を検証する（2）

水俣病はまだ二つの謎があると言えます。一つは劇症型とハンター・ラッセル症候群の症状の違いです。同じメチル水銀によって起こる病気でありながら、その症状は大きく異なります。なぜこのような症状の違いが出るのか。一般的には水銀の摂取量の差と考えられていますが、納得しがたいものがあります。

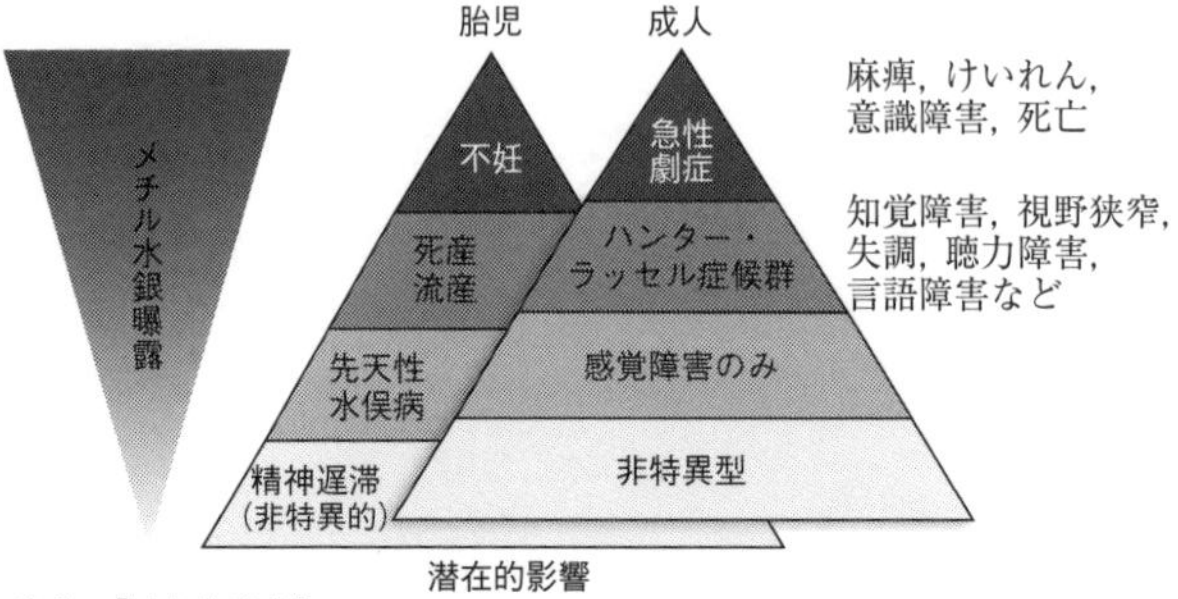

出典：『四大公害病』

図 2-1　メチル水銀量と水俣病の症状の関係略図

新潟においては、その全てが劇症型と言えるものであり、ハンター・ラッセル症候群の人はいないと言えます。一時的にはハンター・ラッセル症候群の症状を示したとしても、その後も四肢が不自由なままという人はいないと言えます。第一号患者の今井一雄も一時的にハンター・ラッセル症候群の症状を示したとしても、その後快復して農作業に復帰しています。

図2－1において、ハンター・ラッセル症候群は劇症型の下に位置しています。これは、ハンター・ラッセル症候群の人がさらに水銀を摂取することにより劇症型に移行することだと言えますが、実際にはこのようなことが起こることはなく、ハンター・ラッセル症候群の人は初めから終わりまでハンター・ラッセル症候群のままであり、劇症型に移行することはないと言えます。また、劇症型の人が、その前にハンター・ラ

ッセル症候群の症状を示していたこともなかったと言えます。

劇症型と、ハンター・ラッセル症候群の発症原因は異なる物質によるものであり、新潟の劇症型の症状は農薬によるものであり、水銀ではないと言えます。滝沢の実験においても、メチル水銀だけを投与した家兎はハンター・ラッセル症候群を示し、川魚を投与した猫は劇症型の症状を示しており、これは農薬によるものなのです。

今一つの謎は、水俣病の人たちはどれだけ水銀を摂取したのか、またどれだけ水銀を摂取したら水俣病になるのかといったことがほとんど解明されていないようにみえます。

滝沢が行った家兎の実験においては、確かにメチル水銀によってハンター・ラッセル症候群の発症がみられました。しかし、これは実験によって得られた結果であり、猫の実験同様、これが現実に即したものであるか否かについては疑問が残ります。

滝沢が家兎に投与したメチル水銀は1mg／kgですから、人の体重を六十kgとすると、一日の水銀摂取量は六十mgになります。これに三百六十五日を掛けると約二十二gになります。（表2－2、計算式①、以後計算式は86ページに一括して掲載）

これと似たような実験がもう一つあるので紹介しておきます。

表 2-2　1 年でどれだけの水銀を摂取するか

①滝沢の実験 1 mg /kg であるから、人の体重を 60kg とすると、1 日では 60 mg 60 mg × 365（日）	**22g**
②原田の主張 ネコを 30 日で発症させようとすると 1 日に体重あたり 0.8 ～ 1.6 mg、人換算で 60 × 0.8 × 365 ＝ 17.5 g　1.6 mg で 35 g	平均で **26g**
③新潟水俣病（想定） 魚の水銀値を 10PPM、1 年間で食べる量を 100kg とすると $\frac{10 \times 100000}{1000000} = 1$	**1g**
④新潟水俣病（現実的） 魚の水銀値、2PPM,（$\frac{1}{5}$）、実食約半分 $\frac{1}{5} \times \frac{1}{2} = \frac{1}{10}$	**0.1g**
⑤水俣病（推測） 魚の水銀値　10PPM　1 年に食べる量（実食）200kg 新潟水俣病の想定の 2 倍で計算すると	**2g**

※全体的にみて、その 2 倍（例　ネコ　事実算）4 g

そのころの水俣地区の汚染がどのように恐ろしいものであったか。それを示す一つの記録がある。昭和三十二年二月十八日、熊本大学法医学教室（世良教授）が、熊本市内でとらえた猫を八匹もってきて湯堂に二匹、茂道に四匹、水俣市内に二匹を預けた。各地区の住民の家で、普通に飼いネコとして飼ってもらっていたが、まず三二日目（三月二十二日）に、茂道の杉本某氏宅へ預けたネコが発病、それから次々と全部のネコが発病して、最後は四月二十日茂道の金子某氏宅、四月二十四日湯道の井上某子宅へ預けたネコが六五日目に発病した。

また別の実験では、水俣湾産の「いりこ」を一日三食、一食に約四十匹を与えたネコを飼育すると、五一日目で発病したと記録されている。これらの資料は、当時の水銀を推定するには、きわめて重要な資料でもあるが、水俣湾一帯の住民は、まさに恐怖の毒物の瓶のなかにでも住んでいるようなものであった。かりに実験的にネコを五十日で発症させようとすると、一日に体重一キログラムあたり、ざっと〇・八から一・六ミリグラムのメチル水銀を投与する計算になる（原田正純『水俣病』）。

ここで投与される水銀は、人換算で、一年で十七・五gから三十五gになり、平均は二十六gです（計算式②）。これは滝沢の実験と大差がないことになります。それゆえ、これからは純粋にメチル水銀のみの滝沢の実験を中心に話を進めていきたいと思います。

一年に二十二gの水銀を摂取するには、どの程度汚染された魚をどの位の量を食べたかということになります。これを算出するのは容易でないと言えます。そこで新潟水俣病における魚の水銀量から目安となるものを算出してみたいと思います。

人々の思い描く魚の水銀値を十ＰＰＭ、一日に食べる量を三百gとすると、一年で摂取

する水銀は一gとなります。（計算式③）

これは想定であり、実際にはさらに少なくなります。たとえ魚を百kg食べたとしても、頭や尻尾、骨や内臓は食べないとすると実食はその半分程度と言えます。

さらには、阿賀野川の川魚の水銀値の平均は二PPM程度であり、想定の五分の一でしかありません。それゆえ、たとえ百kgの魚を食べたとしても人が摂取する水銀は〇・一gでしかありません。（計算式④）。

これは滝沢の行った実験の二百分の一でしかありません。メチル水銀が猛毒であったとしても、一年に〇・一gの水銀を摂取したことにより水俣病を発症するということには疑わしいものがあると思います。

次に、水俣の人がどの位の魚を食べたかということになります。新潟県は農業県であり、主食は米で、副食の魚は多く食べたとしても一日三百g、実食はその半分程度と言えます。これに対して、水俣は漁業が中心で、魚が主食とも言えると思います。そこで食べた魚の量を新潟の想定の二倍の一日六百gとすると、年間における水銀の摂取量は二gとなります。（計算式⑤）なお、水俣においては実食となります。水俣においても、この辺が漁食からの水銀摂取量の限界なのではないでしょうか。水俣において魚が多食されていたこと

表 2-3　水中メチル水銀濃度と魚体中の水銀蓄積量との関係

水中塩化メチル水銀濃度 (C)〔ppm〕	飼育実験		計算値	
	魚体中水銀含有量〔ppm〕	濃縮率	魚体中水銀含有量 (F)〔ppm〕	濃縮率 (R)
$1 \cdot 10^{-1}$	—	—	21.4	268
$5 \cdot 10^{-2}$	—	—	14.6	365
$3 \cdot 10^{-2}$	11.0[a)]	458	11.1	463
$1 \cdot 10^{-2}$	—	—	6.04	755
$5 \cdot 10^{-3}$	—	—	4.13	1,030
$3 \cdot 10^{-3}$	3.1[a)]	1290	3.10	1,290
$1 \cdot 10^{-3}$	—	—	1.70	2,120
$3 \cdot 10^{-4}$	1.07[a)]，1.0[b)]	4460	1.01	4,220
$3 \cdot 10^{-5}$	0.3[b)]	—	0.25	10,300
$3 \cdot 10^{-6}$	0.1[b)]	—	0.07	29,000

注 (1) a) 喜田村等によるキンギョの飼育実験, b) 寺本等によるコイの飼育実験。
(2) b) においてブランクテストとしての原水中飼育のコイの水銀含有量 0.2ppm。
(3) 水中は塩化メチル水銀（CH_3H_gC1 分子量 250），魚体中の水銀（H_g 原子量 200）として濃縮率を求めた。
出典：『メチル水銀による汚染原因の研究』

は事実としても、皆が一日平均六百ｇ（実食）食べていたかについては疑問符もつくように思います。

水俣の魚の汚染はかなり高濃度であったようですが魚の水銀値にも限界があると言います。

魚の水銀値ですが、メチル水銀値においては、理論的には二十ＰＰＭ程度までは上昇しますが、現実には不可能だと言います。表2－3において水銀濃度千万分の一で魚の水銀値は二十PPM程度まであがっていますが、飼育実験ではありません。この濃度だと魚はすぐに死んでしまい、実験は不可ということになります。新潟のニゴイには二十PPMを超えるものもいますが、これはメチル水銀ではなく、農薬のフェニル水銀だからです。メチル水銀では十PPMを少し越えたあたりが限度と言えます。

水俣においての私の計算した水銀の摂取量は、滝沢の試験に比べ、想定値でもまだ二十倍以上の開きがあります。原因物質の究明のために、ある程度多めの量で実験することはやむを得ない面もあるとは思いますが、滝沢の場合、原因物質はわかっていたのであり、現実に沿った実験のあり方が必要なのではないでしょうか。

滝沢の実験において家兎に投与したのはメチル水銀のみでした。それゆえ、メチル水銀の量が少なくても、出てくる症状はハンター・ラッセル症候群だけと言えました。

これに対して、原田の主張に基づく実験においては、その症状がどのようなものかわかりませんが、子供を除けば、そのほとんどが劇症型であり、ここにおいても、その症状は劇症型ではないかと思われます。もしその症状が劇症型であったとすれば、それは水銀によるものではなく、チッソから排出された他の有害物質とも考えられます。水俣病発生当初はマンガン、セレン、タリウムなどが疑われ、その複合汚染も考えられましたが、いずれも決定打に欠けました。これらの多くは、ハンター・ラッセル症候群にあてはまりませんでしたが、劇症型にもあてはまらなかったのでしょうか。第四章の「桑野家の猫の死」の中の判決文において「猫が中毒症状を呈するのは殺鼠剤を食べた鼠を摂食した場合にも多くみられ、これら殺鼠剤のうち弗素剤（フラトール）等によって中毒症状を呈し、殊にタリウム殺鼠剤の場合には有機水銀中毒症と極めて酷似した症状を呈し、……」とあります。水俣病を、水銀によるハンター・ラッセル症候群と定義づけたことが、水俣病の真相究明の大きな壁になっているのだと私は思っています。

滝沢の実験において、家兎の発症は十四日から二十日です。これに対して原田の方は四十日から五十日程度と二～三倍の時間が経過しています。これは、原田の実験においては魚のメチル水銀量が少なかったとも考えられますが、想定以上に少なく、他の有害物質の影響が大きかったとも考えられます。

新潟水俣病の原因物質は一般農薬です。熊本の水俣病も、劇症型と呼ばれる人の症状は、水銀の影響も無視できないと思いますが、他の有害物質の方がより大きく影響しているのではないでしょうか。

私は前著『新潟水俣病は虚構である』において、ハンター・ラッセル症候群と劇症型の症状の違いについて、胎児性水俣病や小児水俣病にはハンター・ラッセル症候群が多いのに対して、大人は劇症型の症状を示す人が多いことから、これは胎児や小児の方が水銀の影響を受けやすく、完成された大人の脳はそれほど水銀の影響を受けなかったのではないかと書きました。チッソからの廃液には、マンガン、タリウム、セレンなどの数多くの有害物質が含まれており、劇症型の場合その影響が大きいのではないかと思っています。

図2－3は脳病変の広がりを示したものです（原田正純著『水俣病』）。この図をみると、

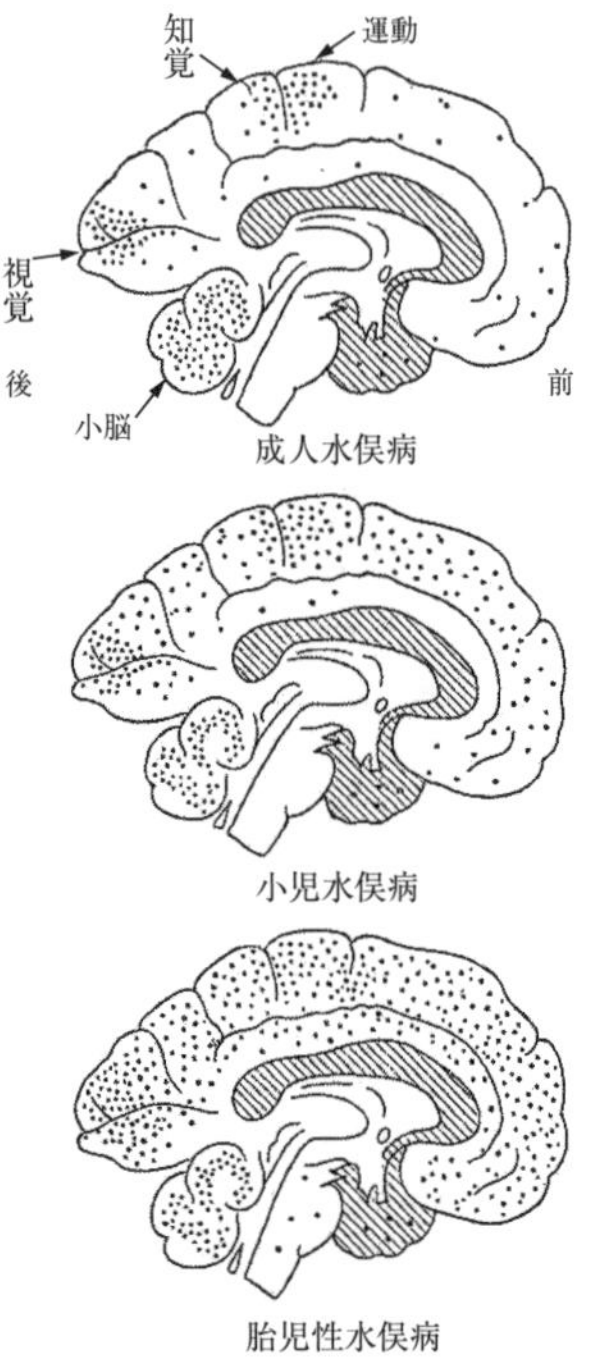

（熊大研究班編『水俣病―有機水銀中毒に関する研究』武内論文）

出典：『水俣病』

図 2-3　脳病変の広がり

大脳の病変の広がりは胎児性水俣病が最も多く、小児水俣病はいくらか少なくなっています。

そして成人水俣病はさらに大きく減少しています。これは成人の脳が水銀によってそれほど影響を受けなかったからではないでしょうか。

劇症型の症状の典型的なものはその異常行動と言えます。人や猫が暴れるなどの症状を示すことや、猫が川や海に飛び込むなどの異常行動を示すのは、内臓疾患により、体がいわゆる「灼熱」状態にあるからではないでしょうか。新潟において、典型的なハンター・ラッセル症候群の患者はいないのです。ハンター・ラッセル症候群と劇症型の原因物質は別と考えるべきなのです。

滝沢の実験で行われた投与量は、一般的な人が経口摂取する量の十倍以上と考えられます。詳細は忘れましたが、食品の安全基準を決めるにあたっては、あらかじめ、どれだけの量を与えたら症状が出るかを予想して実験を行うと言います。そこで得られた数値に百倍とか、千倍の余裕を持たせたものを安全基準にすると言います。早く結果を出したいという思いが多めの量を投与することになるのだと思いますが、日常生活では摂取できないような多量の疑惑物質を投与するといった実験は何かと問題があるのではないでしょうか。

水銀は現代の錬金術か

新潟大学の椿教授が、新潟にも水銀中毒の被害者がいるとして県に届け出たのは一九六五年五月三十一日でした。この日が新潟水俣病の公式確認の日と言われています。水銀と言えば水俣病、新潟においても水銀が注目され、過大な期待を背負うことになるのです。

公式発表は六月十二日。このあいだに第一次訴訟の原告団の団長を務めた近喜代一の父親が亡くなります。近家は代表的な半農半漁であり、阿賀野川の川魚もそれなりに獲っていました。

水俣の例から、被害者が水銀に汚染された阿賀野川の川魚を食べて水俣病になったと考えるのは自然の流れでした。では、その水銀はどこから来たのかと言えば、それは大量の水銀を使用している昭和電工以外考えられませんでした。一部農薬説も出ましたが根拠が弱く消えていく運命にありました。他に原因は考えられず、新潟水俣病の調査に関わった人たちは、汚染物質は昭和電工から流出した水銀と断定し、これを立証するために奔走することになります。

新潟水俣病が昭和電工から流出した水銀によるものとする以上、阿賀野川は水銀によって汚染されているということが不可欠でした。新潟水俣病の調査にあたった厚生省の調査員のなかには水道課の職員もおり、阿賀野川の水がほとんど汚染されていないことを知っていました。これも『新潟水俣病は虚構である』で述べたように、阿賀野川の水銀濃度は十億分の一未満であり、この濃度で水俣病を発症することはないのです。もし、水道水と同じ基準で育った魚で水俣病を発症したとすれば、それは水道水の品質基準を見直す必要があります。

しかし、政府見解は「不都合な真実」を隠蔽し、短期、あるいは長期に汚染されていたと発表したのでした。ここにおいて、水銀は幻の過大な期待を担うことになるのです。

阿賀野川の水銀濃度は十億分の一未満でしたが、これが公表されることはありませんでした。それゆえ、阿賀野川の水銀濃度についても混迷が続きました。そんななかで、十万倍濃縮説は、新潟水俣病の発症を裏付けるものとして広く取り入れられてきました。

宇井は、たとえ百億分の一の水銀濃度でも十万倍にも濃縮することにより、阿賀野川の川魚は危険な水銀値になると主張したのでした。

しかし、『新潟水俣病は虚構である』でも述べたように、百億分の一の水銀濃度では濃縮は起きず、三十億～四十億分の一程度でも魚の水銀値は一ＰＰＭ程度にしかならず、これでは新潟水俣病は発症しないことになります。（表２－３参照）

そこで考えられたのが食物連鎖による濃縮説でした。しかし、これが机上の理論、空論でしかないことは『水俣病は虚構である』で述べました。これについては、学識者にもそれなりの言い分はあるかと思いますが、新潟水俣病は「現実」なのです。たとえ十万倍濃縮が、他の物質や動物などによって実現できたとしても、それは一定の条件で行われたものであり、新潟水俣病においては何の意味も持たないのです。

新潟水俣病において、食物連鎖による十万倍濃縮説は定説となっています。これは新潟水俣病とは関わりのない科学者においても、これに何ら疑いを持つことなく支持しています。科学者のなかには、百万倍、千万倍に濃縮すると主張する人もいます。これらの誤った理論が何ら検証されることなく、紙の上だけで引き継がれていくのです。

次に国家が行ったことは、近家から持っていった干魚の分析結果の隠蔽でした。これについては後で詳しく述べますが、国は阿賀野川の川魚がメチル水銀に汚染されていないことを知りながら隠蔽したのでした。水俣病の原因がメチル水銀に汚染された魚である以上、魚はメチル水銀に汚染されていなければなりません。もし、魚から検出した水銀がメチル水銀だけであるとすれば、それは昭和電工から流出したとする確かな証拠となります。阿賀野川流域において、大量のメチル水銀を使用しているのは昭和電工しかないからです。しかし、干魚からはメチル水銀はほとんど検出されず、検出されたのはフェニル水銀など、その成分の大半は農薬の成分であったと言えます。これはまた、北川の農薬説を裏付ける強力な証拠となります。昭和電工原因説を主張する人々にとってこれを公表することはタブーとなったのです。

新潟水俣病第三次訴訟において、新潟市に水俣病と認定するように求めた裁判で、東京高裁は二〇一七年十一月、九人全員を水俣病と認めるように命じました。

二〇二三年九月、大阪地裁は、特措法で救済を受けられなかった水俣の未認定患者百二十八人全員を水俣病と認めるように命じました。

この二つの判決に対して新聞は、共に画期的な判決だと書いています。このうち、東京高裁の裁判については、新潟市は上告しませんでしたが、大阪地裁の裁判については、国はこの判決を不服として控訴しました。過去の判決とは大きな相違があるというのが控訴の理由でした。

画期的な判決は、従来とはまったく異なる発想から生まれると言えます。この二つの裁判において、従来と異なる新しい証拠や材料が出たわけではありません。漁食にしろ、症状にしろ、全ては裁判官の判断にかかっているのです。

水俣病については不確定要素が多く、これが水俣病を迷走させる原因になっています。画期的な判決は、無謀とも言える一面を持っています。私は、この二つの裁判の判決についてはあまりにも無謀だと思っています。

私は、これまで新潟水俣病については多く述べてきましたが、熊本の水俣病については、その実情を知らないゆえに不明なことが多くあり、大阪地裁の判決をどう評価すべきかわからない面も多くあります。しかし、新潟水俣病の第三次において、東京高裁でも取りあげられたことですが、ただ一つ、遅発性水俣病については納得しがたいものがあります。

大阪地裁は判決の中で「メチル水銀暴露から長期間後に発症する遅発性水俣病の存在は否定できない。十数年かそれ以上たってからも自覚症状が表れた者もいるとの報告があり、特定の年数を持って発症時期を限定することはできない」と述べています（「毎日新聞」二〇二三年九月二十八日）。

水俣病は水銀によって中枢神経が破壊されて発症するのであり、そのためには体の中に

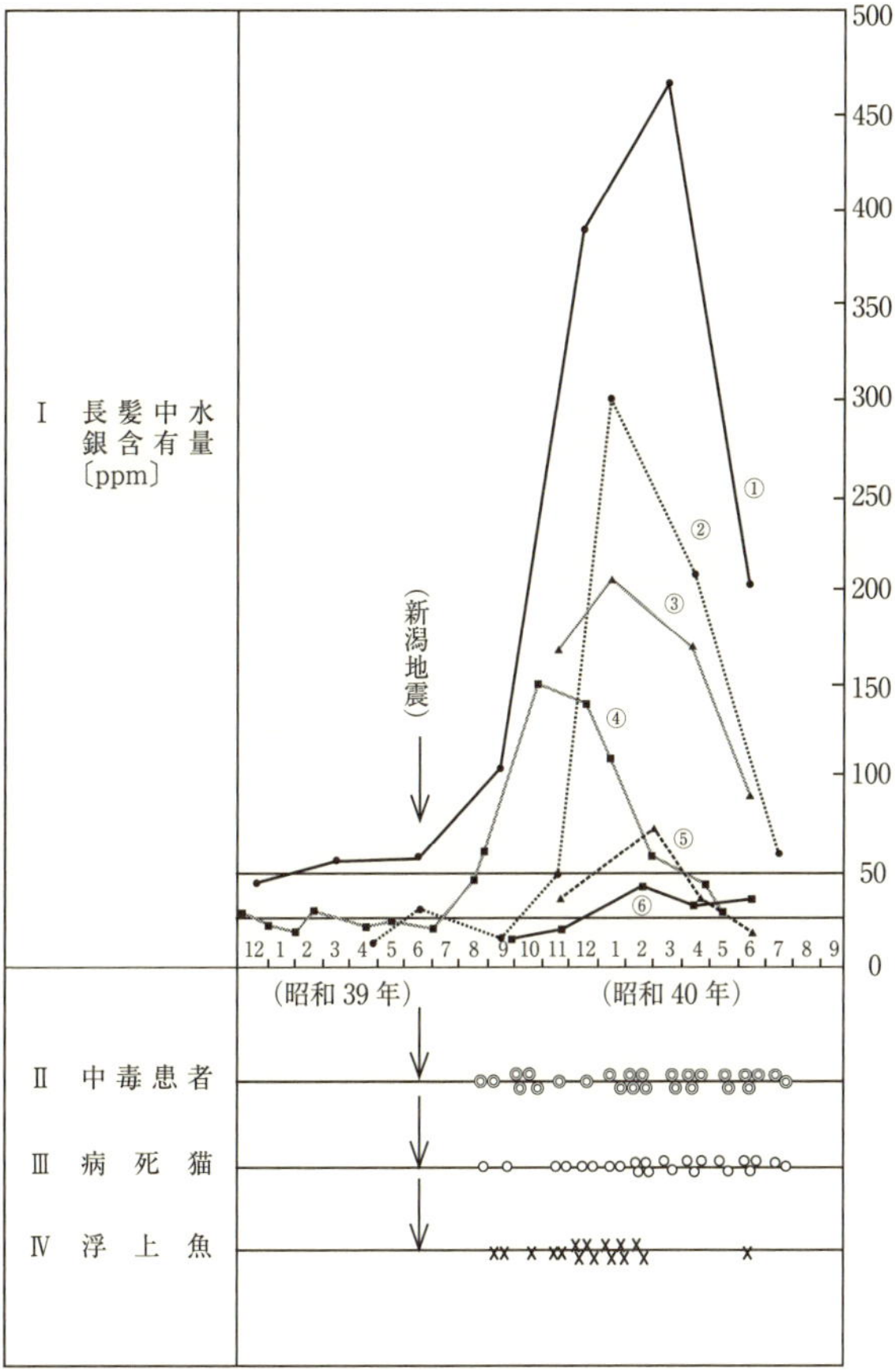

出典：『メチル水銀における汚染源の研究』

図2-4　新潟地震と長髪中水銀含有量、中毒患者の発生、猫の病死、魚の浮上との時期的関係

水銀が存在することが不可欠です。はたして、数年後においても体の中に水銀が存在していると言うのでしょうか。

人体には水銀を排泄する能力があります。図２－４はそのことを示しています。これは新潟水俣病における毛髪の経時変化を示したものです。この図をみますと、水銀値の上昇は一九六四年の八月頃から始まり、一九六五年の初め頃にピークとなり、その後は減少しています。

水銀は自然界にも存在し、また新潟県は農業が盛んなことから、イモチ病予防のために大量の水銀入り農薬を散布しており、五十ＰＰＭ程度の水銀値では水俣病とは関係ないと言えます。

新潟水俣病の公式確認は一九六五年五月三十一日です。それから間もなく、阿賀野川の川魚は全面禁漁となります。新潟水俣病の発症は下山、津島屋と一日市では半年位の差がありますが、全体的には、水銀値の上昇と共に始まり、水銀がほぼ平常に戻った時点で発症は終わっています。多少のズレは毛髪の検査場所の差とも言えます。発症は人だけでなく病死猫や魚の浮上も同様です。

体内に水銀が存在しないのに、なぜ水俣病を発症するのか。これを科学的、医学的に説明することは不可能ではないかと思います。他の毒物においても、摂取したときには何もなくて、その後数年して症状が出たということは聞いたことがないと思います。水保病だけが、水銀の持つ特異性ゆえに抽象的概念としてあるのではないでしょうか。

大阪地裁の判決において、十数年後に自覚症状が表れた者もいるとの報告があるとしていますが、それが本当に水保病なのかは疑問です。

新潟水俣病において、第一号患者の今井一雄は、その後回復して農作業に復帰しています。たとえ水俣病を発症したとしても、体の中から水銀がなくなれば、回復するのです。

私は、今井一雄の症状は農薬によるものと思っています。もし今井一雄の症状が農薬によるものであるならば、新潟水俣病は存在しないことになります。そしてまた、農薬であったとしても、その農薬が体からなくなれば症状は改善するのです。水銀にしろ、農薬にしろ、それが体内にないのに、水俣病を発症する、あるいは中毒症状が出ることはありえないと言えます。

遅発性水俣病は後遺症とはわけがちがいます。今井一雄がこのあと、老化などにより後遺症として水俣病のような症状が出てくることは十分考えられます。しかし、十数年後に初めて表れたとする水俣病の自覚症状がはたして本当の水俣病なのかという疑いの念を晴らすことはできません。

水俣病の認定を求める人は、痛みがあったとしても、見た目にはわからないので誰にもわかってもらえず、余計つらいとも言っています。これを逆からみれば、痛くもないのに、痛いと言っても誰にもわからないということでもあります。そこに水俣病認定のむずかしさがあります。

純粋にメチル水銀における滝沢の実験においては、ハンター・ラッセル症候群の家兎の症状は「動けなくなる」という機能障害であり、これは中枢神経が破壊されることにより発症したものです。

第三の水俣病をめぐって、「感覚障害主徴の水俣病はあり得る」とした原田医師の主張に対して椿は激怒しています。椿は「患者の言葉にはウソがある」とも述べており、水俣病と名乗る人の「痛み」などの感覚障害も、その多くは詐病だとみていたと思います。そしてまた『痛み』みなどの感覚障害は、農薬や過労、ストレスなども原因として考えられます。

全ては、椿が初期に示した認定規準が仇になったと言えます。新潟水俣病の認定を求める人たちにとって「感覚障害でも水俣病」はこの上なくありがたいものであったと言えます。

確かに水銀は不思議な重金属です。十七世紀から十八世紀にかけて錬金術は最盛期をむかえますが、ここにおいても水銀は重要視されていました。

水銀と水俣病は切っても切れない関係にありますが、それゆえに水銀は水俣病においても特別扱いされてきたように思います。水俣病に認定されれば賠償金が出ます。この他にも、学識者たちのなかには水俣病に関わることにより無形の利益を受け取っている人も少なくないと思います。水俣病における水銀は現代の錬金術とも言えるのです。

第三章　茶番劇だった第一二四回口頭弁論

第二四回口頭弁論

新潟水俣病は昭和電工原因説をとる人が圧倒的多数を示していました。私は、原因企業とみなされた昭和電工を除けば、これに異論を唱えたのは横浜大学教授の北川徹三だけであったと思っています。昭和電工を原因企業と決めつけることに反対した者もいましたが、それはあくまで慎重にというものでしかなかったと言えます。そしてその多くは、経済界や省庁間の利害関係に基づくものであり、「疑わしきは被告人の利益」の範囲を超えるものではありませんでした。

新潟水俣病の原因は何か。疑わしきものがあってもそれを認めない以上、決着をつけるのは裁判しかないと言えます。「一九六七（昭和四十二）年六月十二日、第一陣の患者三世帯十三人（最終的には第八陣までの三十四家族七十七人）が、昭和電工を相手取って総額約五億三千万円の損害賠償を求める訴えを新潟地方裁判所に起こしました」（『新潟水俣病のあらまし』）。

新潟水俣病は、ほぼ全ての人が原因は昭和電工から流出した水銀によって引き起こされたと考えていました。他に原因は考えられませんでした。何よりも熊本の水俣病の存在が大きく、いわば教科書というものがあったからです。調査にあたった多くの人々は、この水保病という教科書をもとに調査を始めることになります。

しかし、多くの教科書がそうであるように、そこに書かれているのは基本的なこと、標準的なことであり、複雑な状況が絡み合う現場においては、それが何の役にも立たないということも少なくないのです。

水俣病という教科書は、新潟水俣病の解明に大きな力となったことは確かです。水俣病という教科書があったからこそ、新潟水俣病に対しては、その発生段階から素早く、そして的確な行動が可能だったと言えます。

反面、その構造があまりにも似ていたために、それは初めから昭和電工原因説を強化することになってしまったのです。人々は表面的なことだけで新潟水俣病の原因を昭和電工と決めつけ、それ以上深く考えることをやめてしまったのです。

新潟水俣病において、裁判官もまた水俣病という教科書に束縛されていたように思います。それゆえ、裁判官の軸足も原告側にあり、原告側の主張に同調しているようにみえます。

新潟水俣病の調査にあたった人たちは、初めから原因は昭和電工と決めつけていましたが、その実、新潟の実情を何一つ理解していなかったのです。新潟水俣病が迷走したのは、水俣病に関わった人たちが頭の中だけで昭和電工原因説を作りあげ、それが現地の実情とはかけ離れたものであることを理解しえなかったからです。
それは裁判官についても言えることでした。彼らもまた、現地の実情を知らないゆえに、同じ考えをもつ原告側の主張に合わせるようになっていったと言えます。その代表的な一例として第二四回口頭弁論を取りあげてみたいと思います。

次は北川教授が四十二年五月、安全工学会の一員として現地を視察した際、鹿瀬工場で、なんら具体的な調査を行なわなかった点についての証言である。これは口頭弁論のひとつのヤマ場であると同時に、阿賀野川有機水銀中毒事件全体をとおしてのポイントとも言えよう。

原告側代理人　それでは製造工程の関係ですけれども、これは何によって調査なさいました。
北川　それはアセトアルデハイドの製造工程の調査ですね。
原告側代理人　はい、鹿瀬についてはどういう資料によってなされました。

北川　鹿瀬についてのアセトアルデハイドの調査ですか。
原告側代理人　はい。
北川　これは昭和電工から資料をいただきまして、これによって調査したわけです。
原告側代理人　昭和電工の本社のほうからですか。
北川　はいそうです。それから他の工場における全般的な製造工程、七工場あります。七工場の比較、検討をいたしましたが。
原告側代理人　それらの資料はどこからですか。
北川　それは元私が勤めておりました東京工業試験所、その時分にこの研究を非常に深くやっておいでになりました方から詳細に伺っております。
原告側代理人　製造工程について。
北川　それから、製造工程については、特にその中の水俣の製造工程、これについて十分な調査をいたしました。その資料はこれは特許公報、これを調べますと、大体のプロセスの状況がよくわかるんであります。
原告側代理人　昭和電工の場合ですね。製造工程の調査の際には現地における調査はどうだったんですか。やられたんですか。やられなかったんですか。

北川　現地にまいりましたが、まいりましたときには工場もアセトアルデハイドの製造工程は昭和四十二年三月にまいりましたときは、もう中止になっておりました。

原告側代理人　中止になったとしても、あなたが実際に鹿瀬の工場の中にはいられて、その現場に行かれましたか。

北川　まいりました。

原告代理人　あなたが行かれたときの状況をご説明下さい。できるだけ詳細に。あなたがご覧になったとおりを述べて下さい。

北川　状況はもう既に撤去された設備が相当ありましたので、原形をとどめておりません。

原告代理人　プラントの跡がありましたね。

北川　プラントの跡ございました。

原告代理人　どんな状況になっておりましたか。あなたがご覧になったままの状況、どういう状況になっていたか。あなたが見られたときに工場の施設はどういう状況にあったか述べて下さい。詳細に。

北川　完全な施設は、そのときにはありませんので、一部残存されたものがあっただけです。

原告側代理人　一部残存とか、そういう言葉でなくて、何が、どういう機械がなかったか、どういう機械がどこにあったか、その状態はどうであったかというやつを詳細にお聞きしたいんです。述べて下さい。機械として取りこわされていたのは何だったんですか。

北川　もう、その時分はほとんど取りこわされて……。

原告側代理人　そんなことを聞いているんじゃありません。現実にあのときに工場の中に、アセトアルデヒドの製造に関係するプラント関係ですね。その関係でまだ残っていたとおっしゃられた。その残っていたものとは何です。あなたの見たことをお聞きしているんですから。見なかったら見ないで結構でございます。見たなら見たことのとおりおっしゃって下さい。何をご覧になりました。見たとおりをおっしゃって下さい。

北川　それに四十一年の一月にもう既に操業終りまして、私が行ったのは四十二年三月で一年以上たっておりますから……。

原告側代理人　あなたが行ったときのことをお聞きしているんですよ。行かれる前の話は聞いておりません。どういう状態だったんですか。何をご覧になったんですか。それを聞きたいんです。
北川　……。
原告側代理人　工場の建物の状況はどうだったんですか。何か残っておったんですか。残っておったものの状況はどういう状態であったんですか。詳細に述べて下さい。
北川　……。それは建物は残っておりましたが、もうその中にはほとんど何も残っていないような感じです。
原告側代理人　残っていないんですか。
北川　はい。
原告側代理人　さっき一部残っておったとおっしゃったでしょう。じゃ何が残っておったんですか。詳細にお聞きいたしますから。
北川　この場所でアセトアルデハイドの製造が行われたというだけで、下にはその基礎と建物とその他二、三の配管、プラントの一部、そんなものだったと思います。
原告側代理人　だから一部って、どんな機械がありましたか。私たちはそのあとに行ったときにも何かあったはずですからお聞きしているんです。私たちと裁判所で現場検証やったときもやはりある程度のものは残っておりました。あなたはその前に行かれてないるわけですから、少なくとも現場検証をわれわれがやった程度のことはご記憶だろうと思うんですよ。何が残っておりました。どういう状態であったんですか。詳細に述べて下さい。
北川　……。
原告側代理人　答えられませんか。答えられないなら、答えられないとおっしゃって下さい。
北川　……。
原告側代理人　何か残っておりました。前に使った施設が残っていたとすれば、その施設は何に使った施設だったでしょうか。どういう状態であったでしょうか。それをお聞きしたいんです。
北川　私から、初めからの調査の目的からいいますというと、……。
原告側代理人　そんなことを聞いておりません。私の聞いたことだけに答えて下さい。いらないことをお答えになっても時間のむだになりますから。
北川　このアセトアルデハイドのプロセスからは、私は決して汚染源になり得ないと思いますから。

原告側代理人　そんなこと聞いておりません。裁判長、ご注意いただきたいと思います。
北川　なり得ないと思っておりますから……。
原告側代理人　そんなこと聞いておりません。
裁判長　前のことですけど、前回のご証言に厚生省の一番弱い点は、製造工程の段階を全然考えずに結論を出しておると、そこが最大のウィークポイントだと、あなたが証言なさったものですから、その製造工程をあなたが幾らか、どういう形なのか、ご覧になっているんですから、厚生省の一番弱いという点について聞かれているものですから、前のことだって具体的に記憶はやはり何かあるんじゃなかろうかという形で質問されているわけです。だから、あなたが全然何もなかったというのならそれだけですけど、いや一部は除いて大部分がないですけれど、一部何かあったふうに言われますから、その一部は、どういう形でどういうものだったかということにならざるを得ないわけですね。質問としては、そこを聞かれているわけです。（五十嵐文夫『新潟水俣病』）

口頭弁論のやりとりはこの後も続きます。また後で取りあげることもありますが、同じような形でのやりとりが多く、ここで一応区切りとさせていただきます。

茶番劇だった口頭弁論

皆さんはこの口頭弁論のやりとりを見てどう思ったでしょうか。

一見すると、原告側代理人の鋭い追及に、北川がこれにうまく答えることができず、窮地に立たされている感じを受けます。しかしそれは現実をまったく知らないからそう思うのであって、現実や現場を知る者からすれば、原告側代理人の言っていることがいかに的はずれ、現実離れなものであるかは誰もが理解できるものなのです。

私は最初、この口頭弁論のやりとりを読んだとき、なんでこんなことで口頭弁論をやっているのかという違和感には大きなものがありました。ただそのときは、新潟水俣病の原因究明が重要な問題であり、この件に関しては、いわば飛ばし読みの状況にあり、深く考えることはありませんでした。

この第二四回口頭弁論においては、ここに記載されているものだけでなく、塩水クサビ説（農薬説）も議題となっています。私は、北川の主張する事柄の多くは正当性があると思っていますが、この塩水クサビ説に関しては、これは北川のミスであり、これに関しては、私はいっさい弁護する気はありません。それゆえ、塩水クサビ説に関しては、口頭弁論についても記載しないことを了承して下さることをお願いします。

皆さんは巨大プラントの工場に入ったことがありますか。多くの人は外部から見る程度で、どこがどうなっているか、関心を持つ人は少ないと思います。今はこのような巨大な工場の夜景見物も行われているようですが、一般の人の関心もこの程度まではないでしょうか。

私は時折、土木作業員として、新潟市北区にある三菱ガス化学にうかがうことがあります。ビルの四階から五階に相当するプラントの建物は圧巻と言えます。

三菱ガス化学は多くの製品を作り、製品によって部門ごとに分かれているようですが、そこでどのようなプロセスを経て製品が作られているのか、たとえ社員でも、その全てを知る人はほとんどいないと思います。

三菱ガス化学に比べて、昭和電工の規模は小さく、主な製品はアセトアルデヒドに限られていたと思います。

このアセトアルデヒドの製造装置（プラント）をみて、そこでどのような反応等がされ、それが次の過程では……、といったことを理解し、かつ説明できるのは、それを管理している一部の社員だけであると言えます。

北川は化学者です。化学者の役割は何でしょうか。一言で言えば、紙と鉛筆、そして実験室が主な仕事の場であると言えます。化学者の仕事は化学変化のあり方など、それを実験によって確かめる。簡単に言えばそういうことだと言えます。北川の仕事は、プラントとはまったくかけ離れたところにあるのです。

北川は、鹿瀬工場の解体されたプラント跡地を視察していたことから、そこで水銀が使用されていたかに関連することについて原告側代理人から鋭い追及を受けますが、プラントが撤去され、一部の部品しか残っていない状況においては何もわからないということが正解なのです。そのプラントを管理している社員でもほとんどわからないと言えます。ましてや、他の部門の社員においては、やはり北川と同じような状況になると思います。

北川も、アセトアルデヒドの生産におけるプロセスや、フローシート（制作工程図）があれば、それにより水銀が使われたか否か、あるいは水銀が流出したかなどもある程度判断できたでしょうが、工場の解体と共に、フローシートなども焼却されて何もない状態で、これらのことを判断することが不可能なのは言うまでもないことなのです。

北川が、たとえ解体される前のプラントをみても、どこで反応が行われ、それが次の過程へと移行するかということなども、ほとんど解らないと思います。化学者ゆえに、プロセス及びフローシートを見ながら説明を受ければそれなりに理解できたと思いますが、いきなり現場を見たとしても、それで水銀が使用されていたか、いないかなど判断できるはずはないと言えます。ましてやプラントはすでに解体されており、しかも重要な部品は新しく作られる工場へと持ち去られており、残されたものはガラクタと呼ぶべきものが十個か二十個しかない状況なのです。

鹿瀬工場のプラントには、どの程度の部品が使われていたのでしょうか。素人の我々には想像もつきませんが、少なくとも百万位は必要と言えます。百万の部品全てを記憶できる人はいないと思います。主要部品については知っていても、ガラクタになるような部品まで頭の中に記憶しておくことは、たとえプラントを設計する人でも不可能と言えます。

ましてや、鹿瀬工場に残っていたのは、再び使うことのないガラクタです。再度利用するものはていねいに取り扱いますが、廃棄されるものは原形をとどめていないものが多いのです。原形をとどめていないガラクタから得られるものは何もないのです。

この原告側代理人の言っていることがいかに的はずれ、現実離れなものであるかは、実際にプラントを管理している人に聞けばすぐ解ることなのです。北川は解体前のプラントも見ていないし、フローシートなども焼却されてありませんでした。原告側代理人はそれを知っていて口頭弁論の場に引っぱり出してきたのであり、非常識きわまりないと言えます。現場をよく知る者に、原告側代理人の言うことに正当性はあるのかと問えば、全ての人がそれはありえないと言うと思います。そしてまた、こんな質問を行う原告側代理人の方こそ頭がおかしいということになると思います。

一連の口頭弁論について、著者の五十嵐文夫は次のように述べています。

昭電の非科学性は、以上の北川証言からじゅうぶんうかがい知ることができる。特に「プロセスが止まっている以上、メチル水銀が生成されるかどうか調査できない」とする証言は、この場合、科学者が自ら科学を否定する恥ずべき主張と非難されても仕方ないだろう。（五十嵐文夫『新潟水俣病』）

なぜこのような本末転倒が起きるのでしょうか。それは、多くの人がまったく現場を知らないからだと言えます。少しでも現場を知っていれば、残った十個か二十個のガラクタから得られるものは何もないのです。一を聞いて十を知る人はそれなりにいると思いますが、十のガラクタを見て、百万の部品を組み合わせてどのようにプラントを完成させたかを理解できる人など、この世にいないのです。鹿瀬工場でアセトアルデヒドを製造する場合は、さらに原材料の種類や量、さらには反応を起こすための数々の条件が必要となります。工場が稼働されない限り、水銀の流出について証明することなど不可能なのです。

五十嵐文夫を始めとして、そこにいたのはほとんどが昭和電工原因説を支持する立場の人だと思います。その人たちは、口頭弁論の内容よりも、その駆け引きだけをみて、北川を非科学的だと非難しているにすぎないのです。

水俣病におけるチッソの横暴には目に余るものがありました。新潟水俣病においても、その心情は水俣病を教科書としていなかったでしょうか。新潟水俣病発生当時は人々の環境意識の高まりもあり、チッソのような横暴は許されない状況になっていました。しかしその心情はチッソに対する「怒り」と変わらないと思います。「自分は正義の味方」、それには昭和電工を悪役にする必要があったのです。それが口頭弁論の内容を深く探求することなく、表面的な事象だけで判断したのだと思います。

裁判官と原告側代理人は二人三脚

多くの人は、裁判官は公正中立の立場であり、良心に基づいて判決を下すと思っていると思います。しかし裁判官も人であり、その人の思想、社会状況、育った環境、置かれた状況の違いから判決が分かれることは往々にしてあると言えます。

また裁判官は、原告や被告から提出された資料や証言等によって判断することから、その資料等に誤りがあったり、不十分な場合には、ときとして歪みが生ずるということも考えられます。

私も『新潟水俣病は虚構である』を書き終えた時点ではそう思っていました。それゆえ判決について違和感があったとしても、それはやむを得ないものであると思っていました。たとえば政府見解の「長期にわたって継続的に汚染された結果……」や、「比較的短期間に相当濃厚に汚染された結果……」とありますが、このような政府見解があれば、裁判所はそれを真実と考えると思います。それゆえ私も、判決については、証拠などの多くを厚生省特別班の意見を重視したからだと思っていました。

しかし、この第二四回口頭弁論のやりとりを読むことにより、私の考えは大きく変わりました。この第二四回の口頭弁論は茶番劇というだけでなく、裁判官の資質を考えるうえで大きな問題を含んでいたのです。

次の文面は、この章の最初に書いた口頭弁論の一部ですが、重要なことなので、ここでもう一度取りあげることにします。

原告側代理人　だから一部って、どんな機械がありましたか。私たちはそのあとに行ったときも何かあったはずですからお聞きしているんです。私たちと裁判所で現場検証をやったときもやはりある程度のものは残っておりました。あなたはその前に行かれているわけですから、少なくとも現場検証をわれわれがやった程度のことは記憶だろうと思うんですよ。何が残っておりました。

前にも書いたように、原告側代理人の追及には鋭いものがあり、北川を窮地に追い込んでいるようにみえます。しかし、原告側代理人の鋭い追及はまた、自らの暗部を映し出しているのです。原告側代理人の追及を注意深く読んでいくと、この裁判の異常さがみえてくるのです。

原告側代理人は、この口頭弁論の中で、「私たちと裁判所で現場検証をやったときも……」とあります。私は裁判のあり方にはわからないことが多くあります。それゆえ一部誤解があるかもしれませんが、現場検証というからには、昭和電工がメチル水銀の流出について認め、それによって水俣病が発生したという確かな事実、及びそれに準ずるものがありそれを確認に行くことだと思います。

［検証］㈠物事の取り調べで正確にすること。㈡裁判官が実地に臨み、証拠物件について取り調べを正確にすること。（『広辞林』）

『広辞林』では、検証は「証拠物件について取り調べを正確にすること」とありますが、この時点において確実な証拠物件などはどこにもなかったはずです。

本来なら、この時点においては調査の段階であり、裁判所が出る段階ではないと言えます。原告、被告及び第三者が単独、あるいは協調しての現地視察なら納得できますが、裁判所と原告側代理人だけで現場検証を行っているとしたらそれは異常事態と言うべきであり、何かと問題を含んでいるのではないでしょうか。口頭弁論からは、そこには被告昭和電工の役員の姿も、第三者の姿もないようにみえます。そこに、裁判所と原告側代理人の結びつきの強さをみてとることができます。

裁判所と原告側代理人は、初めから昭和電工を原因企業と決めつけ、その証拠探しに行ったと言えます。しかし、プラントはすでに解体され、残っていたものは十個か二十個のガラクタのみ。裁判官や原告側代理人は、この現場検証において何一つ証拠をみつけることができなかったと言えます。

現場検証において、何も得るものはなかったのです。その状況をふまえて、裁判所と原告側代理人は北川を口頭弁論の場に引っ張り出したのです。それだから茶番劇だと言うのです。

北川が昭和電工に行ったのは、安全工学員の一人として視察に加わったものであり、裁判とは何の関係もないはずです。一方の裁判官と原告側代理人は検証に行ったのですから、そのことについて報告や公表すべきだと言えます。原告側代理人の、北川に対する質問は本来なら裁判官や原告側代理人に対して問うべきことなのです。新潟水俣病の原因は埋設処理された農薬なのです。裁判官と原告側代理人は、現場検証を行いながら、昭和電工から流出した水銀によって水俣病が発生したという証拠を何一つみつけることができなかったのです。ここにおいて、裁判所と原告側は水俣病の原因が昭和電工から流出した水銀によって発生したことの証明を断念せざるをえなかったと言えます。

このままでは裁判に勝つことは困難と言えました。そこで考え出されたのが、被告昭和電工が無罪と言うなら、それは被告が証明しろということだったのだと思います。

プラントが撤去されている以上、ここで証拠をみつけることは不可能と言えました。それは被告側にも言えることでした。被告もまたプラントが撤去されたあとでは、自分たちが原因企業でないことを立証することは不可能と言えました。裁判所と原告側はそのことを広く世間に知らしめるために第二四回の口頭弁論を設定し、北川を追及するに至ったのだと思います。

もし原告側がそう考えたなら原告側弁護団の発想には驚くべきものがあります。そしてまた、このときの現場検証が裁判官と原告側弁護人だけであったならば、それは裁判所のお墨付きと言えました。

本来なら、この原告側代理人が誰であろうと関係ないのですが、原告側と裁判官とで現場検証に行くなどということは倫理的に問題があるようにみえますし、何よりも普通の弁護士では考えつかないことだと思います。

新潟水俣病第一次訴訟弁護団幹事長だった板東克彦は『ある公害・環境学者の足取り』の中で「宇井データ」なくして新潟訴訟の勝利はなかった、として次のように述べています。

宇井さんは新潟の裁判には自ら補佐人として化学の知識に乏しい弁護団を補佐し、法廷に立っては、昭和電工が繰り出す証人に対する反対尋問までしてくれました。

そしていよいよ最終弁論です。宇井さんは「発生源の設備についての知識をもたない被害者原告側が因果関係のすべてを立証しなければならないというのは不平等である」との論陣をはったのです。これを受けて新潟地裁は、昭和四十六年九月、原告勝訴の判決を下しましたが、その中で、「原告が工場の門前まで因果関係の立証を行えば被告会社が明確な反対立証をしない限り、因果関係があったとみなされる」との判断を示したのでありました。

新潟水俣病の原因究明にあたったのは、実質的には厚生省特別班などからなる国家であり、この裁判は国家対昭和電工の争いと言えました。しかし、国家をもってしても昭和電工が原因とすることには限界がありました。宇井は、化学知識の乏しい被害者を前面に押し出すことにより、その責任を昭和電工に転嫁したのでした。まさに宇井の面目躍如と言えました。

第二四回の口頭弁論の原告代理人が誰か、確証を得ることはできませんでしたが、私は宇井であると思っています。普通なら弁護人となるのでしょうが、弁護団の中でここまで追及できる人はいないと思います。裁判記録をみても、当日の裁判に宇井の名前はありましたが、特定はできませんでした。昭和電工には教えてもらえませんでした。

宇井については、前著『新潟水俣病は虚構である』でも取りあげましたが、豊富な知識、頭の回転の速さ、弁舌の巧みさ、駆け引きのうまさは群を抜いていると言えます。この裁判において宇井に勝る人物などいないと思います。化学界の第一人者である北川も、化学知識を除けば宇井の敵ではありませんでした。

あり余る才能はまた彼の野心を増長させたとも言えます。宇井は、十万倍濃縮説や設備能力を超えた生産をしていたなど、根拠なき事例をあげて昭和電工原因説を強化していったのです。十万倍濃縮説を立証するために、海水のカルシウムイオン濃度を一ＰＰＭとするなど、平然と嘘をついているのです。宇井には科学者としての良心を期待するのは無理だとも言えました。

判決は、「原告が工場の門前まで因果関係の立証を行えば被告会社が明確な反対立証をしない限り、因果関係があったとみなされる」としていますが、これも宇井の主張に基づくものと言えます。

確かに、現地の実情を知らない被告側は反対立証はできませんでした。因果関係は状況証拠の積み重ねによって証明されたとしていますが、それは裁判所の恣意的な解釈によるものであり、私からみれば判決文は読むに堪えないものなのです。

第一章の「釣った魚で水俣病?」でも取りあげましたが、鹿瀬町の遠藤ツギが、夫の釣ってきた魚で水俣病になることなどありえない話なのです。これなども裁判所は、甲説、乙説の比較ながら、原告有利の結論を出しているのです。

裁判所の恣意的な解釈については次の章でくわしく述べますが、ここにおいても、その多くは宇井の著書などにみられるものが多く、ここにおいても裁判官と宇井のつながりの深さがあるように思います。

そして最後に、裁判官と原告側代理人の密着ぶりを示しているようなエピソードを紹介しておきます。

当時、新潟水俣病弁護団の一員であった坂上富雄は、『阿賀よ 伝えて』の中で次のように述べています。

判決の前々日、勝利を確信した渡辺弁護団長から「勝利判決と同時に新潟を出発する。到着次第、昭電本社で鈴木社長と自主公表が出来るように工作しておいてくれ」と密命を受けた。

確かに、反公害の機運が高いなかにおいて、裁判長の言動などから原告有利な状況であったことは事実と言えます。しかし、通常の裁判において、判決前に勝利を確信することなど、よほどのことがない限りありえないと言えます。しかも勝利を確信している原告弁護団は次の段階へと進むよう指示まで出しています。

弁護団が勝利を確信できたのは、裁判官との密接な関係があったからであり、判決内容を知っていたからだと言えます。そしてそれは宇井以外は考えられないと言えます。私は宇井が裁判官と共に昭和電工に検証に行ったときから、原告側勝利は当然の帰結であると思っています。

北川証言を拒否、否定する裁判長と原告側代理人

新潟水俣病において、北川の置かれた状況はどのようなものであったのでしょうか。

これまで述べてきたように、一連の口頭弁論は茶番劇以外の何物でもないのです。北川は塩水クサビ説（農薬説）については責任をとる立場にありますが、それ以外については責任を負う義務はないと言えます。北川は塩水クサビ説について、昭和電工に頼まれたものではないとしています。昭和電工が塩水クサビ説を打ち出してきたために昭和電工側の一員としてみられていますが、北川が昭和電工原因説を否定できなかったことについては責任をとる立場にはないのです。

一連の口頭弁論は、一九六七年三月に、安全工学員の一員として視察に訪れたことに関連するものです。北川は裁判が起こされることを知らなかったと思いますし、何よりもこれが昭和電工に頼まれたものでないことは明白です。この視察は裁判とはまったく関係ないことであり、このことについて口頭弁論を行うこと自体が非常識であると言えます。しかも原告代理人は調査の目的さえ述べさせまいとしているのです。

最初に紹介した口頭弁論で、北川が「私から、初めからの調査の目的からいいますというと……」としているのに対して原告側代理人は、「そんなことを聞いておりません。私の聞いたことだけに答えて下さい。いらないことをお答えになっても時間のむだになりますから」と北川の言おうとしていることを拒否しています。

この口頭弁論が安全工学員の視察に関してのものであるならば、まずはその目的、及び調査内容が大事なのであって、その上で初めて原告側代理人はそれらについて質問すべきなのです。視察の目的や、調査内容も聞かないで、いきなりガラクタ論争に持ち込むなどというのはあまりにも非常識であると言えます。原告側代理人は北川と一緒に視察を行った安全工学の人々をも見下していることになるのです。

さらに北川が「このアセトアルデハイドのプロセスからは、私は決して汚染源になり得ないと思いますから」と述べていることに対して原告側代理人は「そんなこと聞いておりません。裁判長、ご注意いただきたいと思います」と、ここにおいても原告側代理人は北川の口封じをしようとしています。北川の主張は真実の解明のためには聞く必要があるのです。しかし、真実の解明を恐れる原告側代理人は、裁判長を動かしてでも北川の口を封じようとしています。これは暴挙とも言えると思います。裁判において、こんな暴挙が許されるのでしょうか。

驚くべきことは、裁判長が原告代理人に促されて、原告側代理人の主張に沿うような発言をしているということです。これは本末転倒と言えます。

そのためか、裁判長の言っていることの歯切れの悪さがみられます。前回の証言や裁判の状況がわからないので確かなことは言えませんが、そこに裁判長としての威厳はなく、ただただ原告側代理人の言葉に追従しているようにみえます。この裁判における主導権は原告側代理人の方にあるように感じるのです。

冤罪はなぜ生まれるのか。その一つは、権力や権威を持つ者の思い込みの強さと言えます。何か事件が起きると調査が始まりますが、答えがなかなかみつからないことも往々にしてあると言えます。そこに仮説が生まれ、それは徐々に確信へと変わっていきます。その確信がゆるぎなきものとなった場合、権力者たちはその対象者となった人が犯罪人であることを証明することだけに全力をあげるのです。

その良い例が郵便不正事件であったと言えます。これは『水俣病は虚構である』でも述べましたが、今一度取りあげてみたいと思います。

驚いたのは調書の作り方です。被疑者や参考人が話したことを整理して、文章にするものだとばかり思っていました。実際はまったく違いました。検察は、自分たちのストーリーにあてはまる話は一所懸命聞き出そうとするけれど、自分たちに都合の悪い話は一文字も書こうとしない。自分たちの裏付けに使えるか、使えないかの一点のみで証拠が検討され、使えないものは無視されていきます。そして私の話の中から使いたい部分だけを、都合のいいような形でつまみ食いして書くのです。

これは郵便不正事件において、偽の証明書作成を部下に指示して作らせたとして逮捕された厚労省局長の村木厚子が、『日本型組織の病を考える』の中で述べていることです。

ここで、村木厚子を北川に、検察を裁判長と原告側代理人とすれば、あとは説明の必要はないと言えます。裁判長や原告側代理人は、初めから原因は昭和電工であると決めつけ、そのことを立証する目的のためだけに北川を追及しているのであり、それ以外の北川の証言は自分たちに不利になるものであり、それゆえ拒否、否定となるのです。

裁判長や原告側代理人が最も求めていたものは、鹿瀬工場から水銀が流出したことを北川に認めさせることでした。

四十五年七月八日の第二七回口頭弁論について、五十嵐文夫の『新潟水俣病』から、その部分を引用します。

北川教授は、またこの法廷で「昭電鹿瀬工場から水銀が流出したか」という原告側の質問に対して、言を左右にして追及を逃れようとしたが、そうした証人の態度をたしなめた裁判長の質問で、ついにメチル水銀の流出を認めざるをえなかった。

裁判長　それは捜査している時でしたら何もあなた方でなくたってすぐわかると思うんですよ。結局安全工学の専門家ですからね。製造工程図ですか。フローシートを見られた結論は、メチル水銀がこういう製造工程なら出たという結論になるのか。出ないというのか、それともわからないというのか、この三つのいずれしか原因はないと思いますがね。

北川　どのくらい量が出たかそれはわかりません。

裁判長　だから量のことは聞いてないでしょう。

北川　ですから、それはやはり量の問題です。問題は量なんです。かんじんなところは量であります。

裁判長　しかし、メチル水銀が出なければ量も問題にならないでしょう。

北川　はい。

裁判長　メチル水銀を前提にして下さいよ。

北川　いや、私が言っておりますのは、もし出ると仮定しても問題にならないということを言っているわけです。

北川は、かんじんなのは量であると述べています。しかし裁判長はこれについて無視しています。裁判長にとって大事なのは、昭和電工の鹿瀬工場から水銀が流出したということを北川に認めさせることなのです。村木厚子の言葉を借りれば「使いたい部分だけを、つまみ食いして書くのです」ということになり、量については無視されることになるのです。

宇井は『原点としての水俣病』の中で、次のように述べています。「工場側が出してきた反論の数値くらい、つまり一千万分の一ＰＰＭ（一億分の一パーセント）で充分あぶなくなります）」。宇井は水銀濃度、百億分の一を強く否定はしていません。

会社が主張している水銀濃度は五十億分の一程度です。魚の水銀値から考えられる水銀濃度は三十億～四十億分の一程度です。そして水道水は十億分の一未満です。

阿賀野川の水と、水俣病の海水では、その水銀濃度に百倍程度の差があります。それは水に含まれている水銀の量の差です。量を問わなければ、水田に散布された水銀入り農薬も問題になります。現に、佐渡や能登のトキの体内からは水銀が検出されているのです。また、昭和電工の鹿瀬工場の上流のコケからも水銀が検出されているのです。量を問わなければ、水銀は至る所に存在しているのです。

裁判長や原告側代理人は、昭和電工から流出したとされる水銀では水俣病が発生することはないことを知っていたと言えます。それゆえ、量にふれることはタブーであったのです。

判決文の中に「なかでも化学工業に関係する企業が事業活動の過程で排出する「化学公害」事件などは、「その争点のすべてに高度の自然化学上の知識を必須とするから……」というのがあります。

北川は大御所とも呼ばれた化学界の第一人者です。確かに北川は塩水クサビ説でミスを犯しました。これは新潟の実情を知らなかったことが原因とみています。同じようなミスは、新潟水俣病に関わりのあった人全てに言えることだと思います。特に、昭和電工原因説を強硬に主張した人々は、新潟の実情とはかけ離れた机上の空論を数多く展開しているのです。

このことについては、前著『新潟水俣病は虚構である』を読んでもらえればわかると思います。

北川にミスがあったことは事実ですが、これと化学業界における実力や業績とは直接関係はないのです。裁判長や原告側代理人は、北川を陥れるために、それらをごちゃまぜにして悪者扱いしているのです。裁判長は「高度の自然化学上の知識を必須とするから……」としていますが、化学分野における第一人者の主張を聞こうとしない裁判長の姿勢こそ問題であると言えます。

証人、北川徹三

第二四回、及び第二七回の口頭弁論はおよそ異常と言わざるを得ません。この口頭弁論における北川の扱いは、証人と呼ぶには程遠い状況にあり、ただただ、北川を糾弾するために設定されたと言えます。裁判における多くの証言は一部反対尋問を受けるものもあるかと思いますが、多くは尊重されていると思います。特にこの裁判には、原告側の証言は重要視されているようにみえます。しかし、北川の証言は糾弾されるだけでなく、裁判長によって拒否及び否定されています。北川のような証人の扱いは、この裁判だけでなく、他の裁判においてもほとんどないのではないでしょうか。

私は裁判については詳しく知らないし、この裁判についても知る立場にはなく誤解もあるかと思いますが、この裁判における北川の置かれた状況には違和感を覚えます。

塩水クサビ説は北川の一化学者としての見解でした。昭和電工がこの塩水クサビ説を打ち出してきたため、原告側の追及を受けるのはやむを得ない面はあるかと思います。

しかし北川は、昭和電工の役員ではないし、弁護団にも入っていないと思います。北川は昭和電工原因説に関しては責任がなく、水銀の流出についても直接的には関係ないことなのです。ましてや第二四回口頭弁論は、化学工学会の一員として視察したときのものであり、裁判とは何の関係もないのです。

北川は御用学者とみなされていますが、彼が御用学者でないことは裁判における証言からも明らかです。判決の中の『理由』に次のような記載があります。

右のように製造工程図を焼却してしまった理由について、昭和三九年ころから鹿瀬工場有機課長をしていた証人小沢謙次郎は、「アセチレンからのアセトアルデヒド製造方法は、昭和三七年ころから設立された徳山石油化学株式会社がエチレンからの製造方式をとるようになって、もはや古い型式の、とっておいても何の価値もないものだったからだ」という趣旨の証言をしている、しかし、物理化学の専門家である証人北川徹三（横浜国立大教授）の証言によって認められるように、製造工程図は、当該製品の製造工程を如実に示すものであり、科学技術者は工程図により一見して製品が得られるまでの化学変化等の製造方法ならびに処理方法を知りうる、いわば基礎的・不可欠の資料であり……。

ここにおいて北川は昭和電工に不利な証言をしています。もし北川が昭和電工の御用学者であるとしたら、彼がこのような証言はしないと言えます。北川が昭和電工に配属している気配はみえません。塩水クサビ説は一化学者としての見解なのです。

判決文は北川を「物理化学の専門家である証人北川徹三の証言によって……」としています。裁判官は、昭和電工原因説を証明するような証言は採用するけれども、これに反する証言は何一つ聞こうとしないのです。これが公正中立の裁判官のやることでしょうか。これもまた、郵便不正事件における村木厚子の言う「つまみ食い」の一つなのです。口頭弁論における北川の証言を拒否、否定しているということは、北川の言う証言が信用できないのだと言えます。その一方で北川を「物理化学の専門家」として証言を尊重しています。この相反するような北川証言の扱い方の姿勢には問題があると言えます。

このときの証言を除けば、北川の置かれた状況は悲惨なものと言えました。特に口頭弁論においては、一方的に糾弾されているように感じます。これについて北川を弁護する立場からみれば、彼は裁判という不慣れな場所で、周到に準備してきた原告側代理人のペースに乗せられてしまったと言えます。「相手の土俵で戦うな」とも言われますが、裁判所は相手の土俵であり、口頭弁論は北川の専門分野ではありませんでした。北川は百戦錬磨の原告側代理人と相手の土俵で戦わなければならなかったのです。

ここで気になるのは、昭和電工の弁護団の動きです。本来なら、ここで弁護団は裁判長及び原告側代理人の理不尽な言動をとがめるべきではないでしょうか。裁判の状況がわからないので確かなことは言えませんが、そこに北川を擁護しようとする動きはみられません。

口頭弁論は昭和電工にも不利に働きます。また、昭和電工が塩水クサビ説で対抗している以上、弁護団は北川をもっと擁護する立場にあるのです。

原告側代理人は、裁判長と一体となって北川を糾弾しています。それは明らかに北川つぶしです。原告側代理人を宇井とすれば、彼は二つの理由から北川つぶしを行なったのです。

これまで述べてきたように、新潟水俣病は複雑な要素が絡み合っており、現地の実情を知らずしての解明は不可能といえました。新潟の実情を知る人は、双方の弁護団の中に一人もいなかったと言えます。それゆえ決着は机上の理論の論争とならざるを得ませんでした。

このような状況において、俄然力を発揮したのが宇井純であったと言えます。『新潟水俣病は虚構である』で述べたように、宇井は机上の理論空論を積み重ねたことによって原告側に有利な状況を作りあげていったのです。

宇井にとって最大の敵は北川だったと言えます。塩水クサビ説を除けば、北川の主張のほとんどは正当性のあるものでした。北川は、被害者は汚染源から十キロメートル以内から発生するということや、裁判においても、昭和電工から排出した水銀では水俣病は起こりえないとしていました。原告側代理人は、北川の主張に正当性があることを知っていたと言えます。それゆえ北川の主張をことごとく潰しにかかったのです。昭和電工の弁護団の中に北川ほどの化学知識を持つ者はいなかったと思います。北川を潰せばこの裁判は勝てると原告側代理人は考えていたと思います。

原告側にとって幸いだったのは、多くの人々が原因は昭和電工と考えていたことでした。そしてまた何よりも水俣病という教科書の存在は大きかったと言えました。人々は、水俣病におけるチッソの横暴や、御用学者の存在を許せなかったと言えます。そのイメージは新潟水俣病にも持ち込まれたと言えます。北川は御用学者とみなされ、裁判においては化学者としての能力を疑われ、塩水クサビ説によって息の根を止められました。社会状況もありましたが、原告側は北川を失脚させることで、北川が主張する正当性のある事実までをも葬りさることに成功したのです。

北川と宇井は新潟水俣病をめぐって激しい闘いを繰り返しましたが、それは裁判における化学論争、ガラクタ論争だけでなく番外編もあったのです。

宇井が、細川一博士と共に新潟に入り、K家の猫の件については最初に述べましたが、話はそれだけでは終わらなかったのであり、続きがあったのです。

東京へ帰ってから、安全工学協会の中で専門委員会に私はこの所見を報告した。それを聞いた安全工学協会長の北川徹三教授は激怒した。

「無知蒙昧な漁師の言うネコのたたりなどという非科学的な言葉を信じて因果関係を論

ずるのは何事だ」

売り言葉に買い言葉でこちらも負けてはいなかった。

「私は現場にいた漁師の正直な感覚と、たとえ表現は非科学的であっても信用します」

駆け出しの助手一年が大御所にそう言ったのだから、その席の空気が色めきたったのも無理はなかった。結局この協会の原因究明委員会からは、私の教授ともども降ろしてもらうことになった。（『原点としての水俣病』）

これまで述べてきたように、猫の異常死は地震後の一時期を除けば点在しているにすぎず、これはネズミ駆除剤によるものとみるべきものなのです。科学の世界において、その原因を解明することなくして因果関係が証明されたとする宇井の発言は軽率と言えました。宇井は「私の教授ともども降ろしてもらうことになった」としていますが、実際には排除されたのだと言えます。

この出来事は宇井のプライドをひどく傷つけたと言えます。宇井がいかに弁舌がうまいといっても、相手は安全協会の会長です。宇井は、協会の人々のいる中で罵倒されたと言えます。

宇井は豊富な知識を持ち、頭の回転も速く、特に駆け引きにおいては抜群と言えます。そしてまた、プライドの高さや自己顕示欲も人一倍強い人だと思います。この時の体験は、宇井に耐えがたき屈辱感を与えたと思います。

第二四回の口頭弁論において、北川に対する鋭い追及には、このような背景もあったと思います。宇井は、北川に対する意趣返しと、安全工学会員の視察、そして自分たちが行った現場検証という三つの事象を組み合わせて第二四回口頭弁論の場を設定したと推察できるのです。そこには裁判官も一役買っていると言えますが、このような芸当ができるのは宇井以外にはいないと言えます。

新潟水俣病は昭和電工原因説と考える人が圧倒的多数を占めていました。現地の実情を知らない多くの人々は、その内容を吟味することなく、大向こうを張った宇井の芝居に拍手喝采したのでした。

「事実は小説よりも奇なり」新潟水俣病は人間ドラマでもあったのです。

第四章　裁判官の資質を問う

裁判にはシナリオがあった

私は前著『新潟水俣病は虚構である』において、いわば副題と言える「帯」に「初めに結論ありき」が生んだ冤罪事件、としました。新潟水俣病の原因について言えば、厚生省特別班、それも疫学研究班を中心として書かれた「官僚の作文」が大きく作用し、それが原告勝利の要因だと思っていました。

裁判は、原告や被告の提出した資料や証拠、さらには証人の証言をもとに進められるものと思います。現地の実情を知ることは容易ではなく、それゆえ裁判官が新潟水俣病について判断する材料が十分でない場合、調査等に圧倒的な力を持つ原告（実質は国）が有利になるという状況にあり、それはやむをえないものとして受け取ってきました。裁判における証言や資料についても深く考えることはありませんでした。

私も、五十嵐文夫の書いた『新潟水俣病』の、第二四回、及び二七回の口頭弁論の部分を精読するまでは、裁判官が公正中立だということに疑いを持つことはありませんでした。

しかし、この二つの口頭弁論のやりとりを読んだことによって、これは自分の考えが間違っていたのだと思うようになりました。この二つの口頭弁論、そして次に述べますが、一日市の桑野家の猫が狂死した事件、さらにはニゴイの漁獲量における争点の切り替えによる本質隠しなど、どう考えてもまともな裁判官の考えることとは思えないからです。
多くの人は裁判記録などほとんど読まないと思います。読んだとしても、その内容を詳細に検討することなどもないと思います。この裁判において原告に有利な判決が出ましたが、原告が内容を詳細に検討することはないと言えます。というより、その必要性がないと言えます。

一方の被告、こちらは判決が出る前から控訴しない方針であり、負けを覚悟しているように見えます。北川が主張した塩水クサビ説は明らかに不利でした。何よりも、新潟の実情を知らない昭和電工には手の打ちようがなかったと言えました。

裁判がどのような経過をたどったのかは不明ですが、判決の中の「理由」を読むと、その資料や証言が原告有利に解釈され、採用されています。これは明らかに裁判官の軸足が原告側にあることを示しています。多くの人が原因は昭和電工と考えており、裁判所としても、これに反する判決は出せないとも言えました。そこには多くの困難がありましたが、その困難を克服してくれるようなシナリオがあったとしたら、裁判所はそのシナリオを採用すると思います。

第二四回口頭弁論において、原告側代理人は、「私たちと裁判所で現場検証をやったと

き も……」と述べています。決定的な証拠など何一つない状況において現場検証を行っているのです。この場合の現場検証は、証拠があり、それを確かめに行くのではなく、証拠捜しに行ったのだと言えます。しかもそこには、公正中立な第三者も、責任ある立場の昭和電工の人もいなかったようにみえます。もし裁判所と原告側代理人だけで現場検証を行ったとしたら、法的にはともかく、それは裁判所としての倫理を疑わせるものではないでしょうか。異常とも思えるこの光景のカギは原告側代理人にあると言えます。

私は、この原告側代理人は宇井純であると思っています。新潟水俣病について、原告が主張する昭和電工原因説の多くは宇井の著作物に書かれていることです。しかし昭和電工原因説を立証しようとするこれらの学説の多くは虚説でしかないのです。それは宇井自身が最もよく知っていることでもあるのです。

宇井は『公害原論』の中で次のように述べています。

その反論は全般に質より量であります。と申しますのは、なにも知らない人をゴマかすために作られる反論でありますから、中身のよしあしは問題ではありません。なんでもいいからたくさんしゃべった方が本当の正しい原因かわからなくなります。

したがって反論の特徴は第一に質より量であることが言えます。中には非常にインチキなものも出てまいります。しかし、あまりインチキなものばかりでは中和ができませんから、ときどきはかなり科学的にみえる反論もございます。

これは熊本の水俣病について述べたものです。確かにこれは熊本の水俣病においてはあてはまる部分も多かったと思います。水俣病の原因物質がなかなかわからないという事情が大きかったこともあります。

宇井はこれを新潟水俣病に自らが適用したのです。新潟の実情については何も知らない人ばかりと言えました。それをいいことに、宇井は昭和電工原因説を立証するために、仮説、虚説を打ち出し、自分たちに有利になるような実験を行い、かつその正当性を証人に証言させることで原告に有利となるような状況証拠を作りあげていったのです。

私は、宇井は本当に凄い人だと思っています。豊富な知識、頭の回転の速さ、特に駆け引きのうまさは群を抜いていると言えます。自主講座『公害原論』からうかがわれる卓抜した弁舌、及び説得力、この裁判において、宇井に勝る、あるいは対抗できる人はいないと思っています。

その実力は裁判においても遺憾なく発揮されたのではないでしょうか。宇井の仮説、虚説は疫学班の支援もあったのでしょうが、それらは実験等を通して原告に有利な状況を作り出していったのです。この状況証拠には微妙なものもありましたが、裁判官はそれらの判断については、本質の転換を図るなどして少しでも原告有利になるような解釈をして状況証拠を作りあげていったのです。たとえ紙一重の差でも、それは判定勝ちとなり、状況証拠になるのです。

私はこれが裁判所独自の考えに基づくものとは思えないのです。この裁判の全ては、宇井の書いたシナリオに沿って進められていったと思っています。第二四回口頭弁論において、主導権は原告側代理人にあるようにみえます。

このあと、裁判における「理由」の中の、桑野家の猫の狂死や、ニゴイの漁獲量、さらには水中浮遊物等を取りあげていきますが、これもまたシナリオ通りに進行していると言えます。というのも、桑野家の猫の狂死や、ニゴイの漁獲量については、これがトップクラスの知能を持つ裁判官かと疑わせる記述がみられるからです。また、水中浮遊物についても、実験や証言によっていかに原告有利な状況証拠が作られているかがわかると思います。もちろんそこには裁判官も一枚加わっています。

新潟水俣病の裁判には多くの証人がおり、証言があります。宇井の言っていることの多くは仮説、虚説でしたが、たくさんの証人がいろいろと証言をすることで宇井の嘘もばれずに済むということです。裁判での証言となるとさすがにインチキなものは出てこないと言えますが、そこには微妙な言替えがあったり、自分たちに有利な試験方法を用いたりして正当性があるようにみせかけているものもあります。これはよほど注意して読まないとわからないと言えます。

新潟水俣病は昭和電工原因説の人が圧倒的多数を占めていました。人は自分の趣旨に反するものは否定しがちであり、見たくない、聞きたくないとなります。逆に、自分の趣旨に合ったものであれば、それらは深く検討しないまま取り入れることになります。そこに多少おかしいと思うことがあっても、そこから目をそらすということになりがちです。昭和電工原因説を支持する人々は、原告側の証人の言うことを信じ、実験に対しても疑うことはなかったと言えます。十万倍濃縮説など、宇井の仮説や虚説はこうして社会に浸透していったのです。宇井の描いたシナリオは、昭和電工原因説を支持する人々の願望を反映していたと言えます。それは裁判官とて例外ではなかったと言えます。

桑野家の猫の死

宇井は、桑野家の猫の異常死を「ネコのたたり」とも表現しました。この桑野家の猫の異常死については裁判でも取りあげられており、判決の中の「理由」では次のように書かれています。

一日市部落に居住の漁師である原告（6）桑野忠吾宅では、飼育猫に阿賀野川から獲った川魚（ニゴイ、マルタ等）を与えていたところ、①昭和三七年から昭和三八年秋までの間、②昭和三九年五月ころから秋ころまでの間、③昭和四一年三月中および④昭和四二年七月ころの四回にわたり猫が狂死したこと、これら斃死猫は、いずれもよたよた歩き、痙攣、ヨダレ流し、狂って暴れるなどの症状を呈し、ついに狂死したこと、このうち③の猫については、死亡直前に新大公衆衛生学教室に送られて調査されたが、前記二の㈠の⑶の（ロ）に認定のとおり、毛髪に一七五ＰＰＭの総水銀量が含有され、剖検した結果アルキル水銀中毒症に一致する組織病変があったことが認められる。

ところで、乙第三〇七写証の二、第三一六写証、第三三七ないし第三四三写証によると、猫が中毒症状を呈するのは、殺鼠剤を食べた鼠を摂食した場合にも多くみられ、これら殺鼠剤のうち、弗素剤（フラトール）等によっても中毒症状を呈し、殊にタリウム殺鼠剤の場合には、有機水銀中毒症と極めて酷似した症状を呈し、このことは猫にタリウム剤を投与した発症実験によっても確かめられ、また、熊本の水俣病の原因物質を究明する段階では、専門家の中にタリウムが原因物質と考える者もあったこと、そして、フラトールおよびタリウム殺鼠剤は、昭和三九年当時新潟市付近においてもかなり使用されていた疑いもあることが認められているから、これらの点から考えると、桑野宅の猫の斃死が殺鼠剤に原因するものではないかとの疑いもなくはない。しかし、前認定のように、四匹のうち一匹の猫については、新大においても毛髪に高水銀があり、アルキル水銀中毒症と同一の病変があったことが確認されており、これを含む四例がともに同一環境下で同一の川から獲れた川魚を摂食し、その結果同一症状を呈して狂死した（同原告は、前掲尋問の結果中において、飼育した猫が殺鼠剤を摂食した事例にも遭遇したが、この場合の症状は前記四例のそれと明らかに区別できた、と供述している。）のがあるから、他の三例も③と同様にアルキル水銀中毒で斃死したと考えることが自然であるというべきである。

（ロ）、そうだとすると、右四例の猫のうち、①の猫の斃死については、その当時からの阿賀野川汚染を示すものとして、乙説では説明のしようがないといえる。

まず③の猫ですが、これは第二章で取りあげた、滝沢が実験を行った猫です。この猫の食べた川魚の量など、何かと問題を含んでいたとしても、この猫が阿賀野川の川魚を食べて発症したことは事実と言えます。

そして他の三匹についても、「ともに同一環境下で同一の川から獲れた川魚を摂食し、その結果同一症状を呈して狂死した」とあります。しかしこれは事実ではないのです。

④の猫が死んだのは昭和四十二年七月頃です。新潟水俣病の公式確認は昭和四十年五月三十一日で、猫の狂死の二年前です。それから間もなく、阿賀野川の川魚の捕獲は全面禁止となります。その後、一部の魚の捕獲は解除されましたが、それは汚染されていない、食べても安全な魚だけと言えました。それゆえ④の猫が汚染された川魚を食べていないことは明白です。④の猫は新潟水俣病発生後に飼い始められたのであり、それは新潟水俣病発生後に桑野家を訪れた宇井の「この家にはネコがいませんね」が証明しています。

桑野家からは死者も出ており、新潟水俣病発生後、阿賀野川の川魚の捕獲が全面禁止となったことは周知の事実です。これを裁判官が知らなかったとは思えません。知らなかったとしたら裁判官の資格はないと言えます。そこで考えられるのは、これは裁判官独自の考えに基づくものではなく、そこにはやはりシナリオがあったということです。

宇井は、新潟水俣病は地震の前から始まっていたとしており、地震は関係ないとしています。そのためには①の猫の狂死は水俣病の症状を呈していることが必要でした。それゆえ実験で得られた③の猫を持ち出してきて、同一環境下、同一症状としたのだと思います。一見、④の猫の死因は裁判官のミスとも見えますが、私は裁判官もそのことを知りながら判決文を書いたものと思っています。宇井にとって、全ては計算済みと言えました。宇井は、この嘘はよほどの事がない限り見抜けないと確信を持っていたと思います。宇井にとっては「嘘も方便」なのです。

③の猫と、④の猫の死因は異なります。③の猫は汚染された川魚を食べて発症したのであり、④の猫は川魚を食べていないことから殺鼠剤とみられます。とすれば①の猫の死因は何なのかということになります。

猫の狂死の多くは地震の後からです。地震前の猫の狂死は極めて少なく、点在しているにすぎません。阿賀野川の川魚は、地震の前も後も同じように獲っていたと言えます。もし地震前から阿賀野川が汚染されているとしたら、その頃にも地震後と同じようにもっと多くの猫の狂死があり、また患者が出ていなければならないことになります。猫の狂死は殺鼠剤によっても同じような症状を示すことから、地震前の猫の狂死は殺鼠剤によるものとみるべきなのです。

④の猫が汚染された川魚をまったく食べていないのに発症したとしたら、その原因は殺鼠剤によるものと言えます。ということは、それは明らかにその死因が異なっていたということになります。

「同原告は、前掲質問の結果中について、飼育した猫が殺鼠剤を摂食した事例にも遭遇したが、この場合の症状は前記四例のそれとは明らかに区別できた」としていますが、これは明らかに嘘と言えます。原告は、殺鼠剤を摂食した猫とも遭遇したとしていますが、原告がこのような猫をみることは、まずはないと言えます。

③の猫と、④の猫は死因が異なっており、その症状は異なっていることになりますが裁判では同じとなっています。裁判官は地震前の猫の狂死も汚染された川魚を摂食したものとしています。だとすれば桑野家には殺鼠剤による猫の狂死はないことになります。

地震前の猫の狂死はきわめて少なく、点在しているにすぎません。自分の家の猫ならともかく他家の狂死した猫をみることはありえない話と言えます。

原告は明らかに異なる症状を呈したとしていますが、この裁判においても「殺鼠剤と水銀中毒症の症状は酷似した症状を呈し」としており、これなども問題意識を持って注意深く観察しなければ、その症状のちがいがわかるはずがないのです。

原告は、自宅で飼っていた四匹の猫の狂死の状況をみていたことになりますが、これについても疑わしきものがあります。①の猫は昭和三十七年から三十八年秋と一年位の開きがあります。②の猫も昭和三十九年五月頃から秋までの間と半年程度の開きがあります。多桑野家の人は「猫のたたり」という言い方をしており、通常の死に方ではないのです。多少の日時のずれがあったとしても、だいたいの日もわからないということはあまりにも不可解と言えます。

それは猫がいつ死んだかはっきりしていないということを示していると言えます。猫の多くは、いつ頃まではいたが、いつ頃には姿が見えなくなったということが多いのです。これを考えると、桑野家の人がほんとに猫の狂死を目撃したのか疑わしきものがあります。

宇井は「その猫は池に飛び込んで死んだのではありませんか」としていますが、池のある家など少なく、多くは近くを流れる用水路や小川に飛び込み、流されていくのです。当時の小川などには、時折、犬や猫の死体が流されてきていました。私は、この宇井の話は水俣での見聞をもとにした作り話と思っています。水俣地方は漁村であり、用水路や小川といったものは極めて少ないと言えます。目の前は海であり、「猫は海にも飛び込んだ」としています。(『四大公害病』)

裁判官は、④の猫が汚染された川魚を食べていないことを知っていたと言えます。しかし、原告側の主張に対しては何一つ疑いを持つことなく、その証言を取り入れています。地震前の猫の狂死も川魚の摂食にあるものだとしたら、殺鼠剤による猫の狂死はないことになります。これは原告の主張する症状のちがいが嘘ということになり、整合性に欠けます。裁判官はこの辺のことも理解できなかったとしたら、その資質には何かと問題があるのではないでしょうか。

タブーだった「量」

先の口頭弁論において、北川は「量」こそ問題としているのに対して、裁判長はその証言を無視しています。水俣病問題については、その原因物質が何かということも大事ですがそれ以上に大切なのが「量」なのです。水俣病の原因物質が水銀ということは定説となっていますが、発症するには高濃度に汚染された魚を長期間大量に摂食する必要があります。一ＰＰＭ以下の魚では、日常的に食べた程度では発症しないと言えますし、二十ＰＰＭの魚でも、月に一～二匹食べた程度では発症しないことは明白です。魚の水銀濃度、その魚をどれだけ食べたか。いずれも「量」の問題なのです。

口頭弁論にみられるように、裁判長は「量」については無視しています。工場からどの位の量が流失し、それによって魚がどれだけ汚染されたか、それを無視して水俣病の解明はありえないと思います。

そしてもう一つが、水俣病とされる人たちが食べたとする魚の量です。このことについて判決文の「理由」では次のように書かれています。

むしろ単純に「漁協組合員一人当り」の漁獲高を算出する方がまだしも妥当であると思われる。そこで表（37）に従ってこれを求めると、松浜漁協一・二六キログラム、大形濁川漁協五・〇七キログラム、大江山漁協一・五四キログラム、阿賀野川漁協一・七一キログラムとなり、患者発生が集中している地区である大形濁川漁協の組合員一人あたりの漁獲量と、中流の阿賀野川漁協の組合員のそれとは、五・〇七対一・七一ということになる。この漁獲量の差が河口における患者発生集中化の理由の一つであるかどうかは、必ずしも明らかではないが、証人喜田村正次はその専門的立場から「生物体である限り、五対三でも汚染物を蓄積して発症するかしないかの重大な差となる。」旨証言している。

これは水俣病と言われている人たちが最も多く食べたとするニゴイについての話であり、川魚全体の六割を占めています。最も多く獲れた大形濁川漁協において、組合員一人あたり約五キログラムでしかありません。ニゴイ一匹五百グラムとして計算すると十匹になります。一人で食べたとしても月に一匹足らず、家族を五人とすれば、一人が食べるニゴイの量は一年にわずか二匹です。

私は『新潟水俣病は虚構である』で、これはニゴイをほとんど食べていないことを意味しており、そのことを知られたくないために漁協間の差こそ問題と、本質の切り替えに走ったのではないかと書きました。

しかし、そのことを書きながらも、自分の中にある違和感もまた大きいものがありました。当時はまだ裁判官を公正中立とみていたため結論が出ず、そのままで終ってしまいました。

違和感の一つは、喜田村の言った「生物体である限り、五対三の差でも汚染物を蓄積して発症するかしないかの重大な差となる」です。確かに少人数の場合ならそれはありえるかもしれませんが漁協の差です。多数の平均においては、これは通用しないということです。平均は五対三でも、全ての人が一方は五、一方は三ということはありえず、漁獲量の少ない漁協でも五獲っている人はそれなりにいると言えます。漁獲量の平均が五対三で、発症者が五対一というのなら理解できますが、一人もいないというのは納得しがたいものがあります。

今一つは、同じ量を食べても発症する人と発症しない人がいるということです。塩は体に不可欠なミネラルです。その塩を一時的に大量に摂取した場合、その致死量は体重六五キログラムの場合、三二・五グラムから三二五グラムです（『毒と薬』）。四十グラムで死ぬ人もいれば、三百グラムでも死なない人もいるのです。

これらを考えると喜田村の言う「五対三」でも重要な差となる、は信じがたいものがあります。判決文においては、「その専門的立場から」としていますが、多人数による漁獲の差や致死量における個人差について喜田村は知らなかったのでしょうか。この程度の知識は高校生位になれば知っていると思います。本当に喜田村が知らないとしたら大学教授の資格はないと思います。これは裁判官についても言えることだと思います。

この判決文について最も注目して欲しいのは漁協組合員一人あたりの漁獲量です。水俣病の発症は水銀に汚染された魚の多食です。しかも長期間食べ続けることが条件であり、問題は「量」なのです。しかしここにおいても判決文は、漁協組合員が川魚をどの位獲っていたかについては回避しています。漁協組合員でも川魚はほとんど獲っていないのです。半農半漁といえども彼等はプロなのです。水俣病と名乗る人の多くは、漁協組合員ではなく、舟や複数の網なども持っていないと言えます。これらの人々が漁協組合員以上にニゴイ及びウグイやフナなどの川魚を獲っていないことは明白です。

ニゴイの漁獲量については裁判官も喜田村も知っています。最も多食したとされるニゴイの漁獲量は漁協組合員一人あたりわずか五キログラム。他の川魚を加えてもこの二倍程度です。この量では水俣病が発症しないということは中学生でも理解できます。特に喜田村は水俣病と漁食の関係については第一人者です。ここにおいてニゴイの漁獲量が争点となれば水俣病そのものが疑われます。ニゴイの「漁獲量」にふれることはタブーであったのです。

喜田村が「五対三」と言ったのは、そこにもリスクがあることを知りながら、それ以上に漁協組合員でも一人あたりの漁獲量が争点になることを恐れたからだと言えます。

喜田村が原告側の証人ならば、ある程度は理解できます。自分たちに不利なことは言いたくないと思いますし。漁獲量については聞かれなかったと逃げることもできます。

しかし喜田村は原因究明のために設置された厚生省特別研究班の一員なのです。喜田村が公正中立の立場であるならば、この漁獲量からでは水俣病を発症することはありえないとの認識を示すべきなのです。

これが裁判官や喜田村の発想とは私には思えないのです。それらのことから、そこにはやはりシナリオがあったと考えざるを得ないのです。

新潟水俣病において「量」にふれることはタブーだったのです。昭和電工から流出したとされる水銀の量、阿賀野川の水銀濃度、魚の水銀値。そして漁獲量（漁食量）、全ては「量」なのです。

水俣病は水銀に汚染された魚の多食です。本来ならば、ニゴイの捕獲量から推察すれば新潟水俣病は存在しないことになり、裁判所は原告の漁食に対して厳しく精査する必要があったのです。しかし裁判においては、漁食について精査しているようにはみえません。漁食については、その全てが原告の主張がそのまま認められているようにみえます。

新潟においては、魚は行商人から買うものであり、阿賀野川の川魚を食べていないということは誰もが知っていました。しかし、調査に関わった人たちはこの事実を知る人はいなかったと言えます。それは調査に関わった人たちだけでなく、ジャーナリストやマスコミ関係者もそうと言えました。最初に注目を集めた近喜代一家が半農半漁ということもありましたが、多くの関係者が漁獲量（漁食量）について注目することはありませんでした。熊本の水俣病の影響も大きかったと言えます。マスコミ関係者が話を聞くのは水俣病と名乗る人のみで、しかも症状の重い人が中心でした。マスコミ関係者の多くも漁食の実態は知らないだけでなく、これに批判的な話は偏見や差別であるとして切り捨てられていったのでした。

新潟の実情については、調査に関わった人たちにおいても何も知らないと言えました。ましてや被告昭和電工は、実情を知る手立てを何一つ持っていませんでした。昭和電工は、原告側の繰り出す机上の理論、空論に巻き込まれ、不毛の論争の末に敗北したのでした。この机上の理論、空論においては宇井の独壇場と言えました。被告昭和電工は、宇井の策謀に対してなす術《すべ》がなかったと言えます。

現地の実情調査よりも、実験や机上の理論空論

横浜大学教授の北川徹三は、公害は半径十キロメートル以内から始まるとしています。しかし、原因企業とみられる昭和電工と、患者が発生した河口とは五十キロメートル以上の空白地帯がありました。一般的に考えれば北川の理論は正しく、なぜこの空白地帯が生ずるのか理解しがたいものがあります。

昭和電工原因説を主張する人々にとって、これは難問と言えました。いろいろな仮説が考えられ、理論によって組立てられていきました。しかしそれらは机上の空論であり、根虚のない理論も多くありました。

河口付近だけ患者が発生したことについて、その理由の一つは河口付近の住民が川魚を多く獲り、多く食べていたとするものでした。先に述べた「五対三」の漁獲量はそのことを示すものですが、より重要なのは、たとえ漁協組合員でも川魚をほとんど食べていないことを隠すためでありました。一日市の近家でさえ、一時的に豊漁であった時期を除けば、一家が毎日食べるには程遠い量でしかなかったのです。

また、新潟大学の本間義治教授が主張した、上流で汚染された水生昆虫が下流に流され、それが河口付近の魚に食べられ、その魚を食べたとする説も多くの矛盾を抱えており虚説と言えました。

そして今一つは、宇井が著書などで主張しているもので、上流の昆虫や死骸、及び藻などの水中浮遊物が流されていき、それが河口付近に沈降し、それを食べた魚を汚染したとするものでした。裁判においては、その沈降場所として、扇状地の末端である横雲橋付近、そして河口付近としています。

宇井は横雲橋付近を扇状地末端としていますが、ここは昔海であったところなのです。またこの付近の魚の水銀値が高いのは散布された農薬によるものなのです。この付近については患者も出ておらず、原告側も深く追及していません。問題は河口付近なのです。

裁判における、この水中浮遊物の沈降については何人かの証言があり、それぞれの立場で証言しています。正直言って、これらの証言を読んだ限りでは真実は見えてこないと言えます。証言する人の中には御用学者と思われる人もいます。これらの人の多くは、新潟の実情や、自然界における実情を知らないと言えました。裁判における証言を検討してみると、そこには本質を外れた、あるいは本質を外した机上の理論、空論といったもので不毛の論争をしているにすぎないと言えます。

水中浮遊物ですから、水の動きのある所ではほとんど沈降しないと言えます。裁判において、「河水の流速が遅くなるほど水中浮遊物は沈降しやすく、流れのない揚川ダムなどにおいてはその多くを沈降したとしても、それは再び放流され、下流に流される」としています。放水口の高さや、貯水の放流口付近の水の流れを考えると、これも疑わしいと言えますが、主要な争点ではないので除外したいと思います。

水中浮遊物は流速が遅くなるほど沈降しやすいとしていますが、これは水中浮遊物は沈降するものと決めつけています。水中浮遊物が水と同じ比重であったならば、ほとんど沈降しないことになります。細かい粒子状の泥は流れのない所では沈降しますが、泥のもとは土で、その成分は砂利や砂であり、その比重は二以上あるからです。

この水中浮遊物は主に流下藻類としています。藻のほとんどは水中において上にのびています。これは藻が水に浮いているからであり、切り取れば水面に浮上してくるのです。岩などに生えるコケは多少形態が異なったとしても、同じ藻類である以上ほとんど変わらないと言えます。水中において、流下藻類は浮上するのであり、沈降することなどありえないのです。

次に、水中浮遊物が河口付近に沈降するということについてです。河口付近の魚の水銀値が高いのは水中浮遊物が河口付近に多く沈降するからとしていますが、これも机上の空論と言えます。新津の満願寺の近くに「河床固め」があります。ここから下流においては、その流速に大きな変化はないと言えます。川幅や水深によって流速は変化するとしても、その変化は小さいと言えます。

また、河口近くの川幅の広さは減速要因となりますが、一方で塩水クサビで水深は浅くなり、流速も増すなどともしていますが、これも事の本質から離れた不毛の論争と言えます。

塩水クサビの侵入は流量によって変化しますが、平均的には河口から約七キロメートルの上江口となっています。この塩水クサビのある所では、水中浮遊物が川底に沈降することはないと言えます。水中浮遊物の比重を水と同じとすれば、塩水の比重はこれより大きいことになります。今は知りませんが、昔、種モミを選別するのにニワトリの卵を使っていました。真水では沈む卵も塩分を濃くしていくと浮くのです。死海では人の体も浮くのです。水中浮遊物が水以上の比重を持つ海水の底に沈降することなどありえない話なのです。

次に、新潟水俣病において最も多食した魚はニゴイでした。これについては第二章でも述べたように、ニゴイを食べて水俣病になることはないのです。ニゴイは純淡水魚で底棲漁です。ニゴイが食べるのはセスジユスリカなどで、これは泥の中の有機物を食べている水生昆虫です。ニゴイはプランクトンや水中浮遊物を食べることはなく、また塩水の下に浮遊物があったとしてもこれを食べることはないのです。

二十ＰＰＭ以上の水銀値を持つ魚は左岸のニゴイだけです。水中浮遊物を食べることのないニゴイの水銀値がなぜ高いのか、水中浮遊物の沈降では説明がつかないと言えます。水中浮遊物が河口付近で沈降したとして、それを食べて水銀値が高くなるとすれば、ではなぜ他の魚の水銀値が高くないのかということについても説明不可能です。水中浮遊物による汚染は虚説の積み重ねでしかないのです。

そもそも、この水中浮遊物が魚の水銀値にそんなに影響を与えるものなのでしょうか。阿賀野川で藻の生えている所はほとんどないように思いますし、岩や石に生えたコケなどが簡単にはがれるとは思えません。コケを食べるのはアユのみ、普通の魚でははぎとることができないのです。水生昆虫も生息できるのは安田橋付近までで、この辺までくると流れも大分緩やかになっており、水生昆虫もまた流されることはほとんどないと言えます。

代表的な淡水魚のコイとフナの一九六三年の漁獲量は、阿賀野川の二一・三トンに対して信濃川は百五二・七トンと七倍以上の差があります。これはプランクトンの差と言えます。阿賀野川のプランクトンは信濃川の半分以下であり、全国的にみても少ない方だとしています。漁獲量はプランクトンによって左右されるのであり、水中浮遊物はほとんど関係ないと言えます。

水中浮遊物について議論するのであれば、それより先に阿賀野川の水中浮遊物について調査すべきなのです。その方が確実に現地の実情を知ることができるのです。いったい阿賀野川に水中浮遊物はどの位あるのか。私は新潟市の水道局にそのことを聞いてみました。答えは「そのような調査は行っておりません」ということでした。水道局が私の目的の意味を理解しえなかったとも考えられますが、私は水中浮遊物はほとんど存在しなかったからだと考えています。水中浮遊物が多ければ私の質問にも少しは反応していたと考えられるからです。

現地の実情を調査して正確さを求めるより机上の理論で決着をつけるやり方は食物連鎖による濃縮についても言えることです。このことは『新潟水俣病は虚構である』で述べたように、机上の理論でしかないのです。

食物連鎖による濃縮は、第一段階がプランクトンや硅藻で、これを水生昆虫や小魚が食べ、さらにこれを大型の魚が食べることによって濃縮されていくとしています。これなども議論するより前に硅藻や水生昆虫の水銀値を調査すべきなのです。阿賀野川における食物連鎖による濃縮ですから、これほど正確なものは他にはないはずです。実際にはこれらの水銀値は調査されており、それをもとにして食物連鎖による濃縮を議論すべきなのです。阿賀野川においては、硅藻も水生昆虫も、魚も水銀値はほぼ同じであり、食物連鎖による濃縮は起きていないのです。

現地の実情より実験及び理論重視、なぜこのような本末転倒が起きるのでしょうか。原告側の狙いは、このような試験を行なって、少しでも自分たちに有利な状況証拠を作りたいからだと言えます。試験は、材料の種類ややり方によって結果が大きく異なります。その中から自分たちに有利なものだけを採用するという、いわばつまみ食いによる状況証拠を作るために行われたと言えます。悲しいかな、被告昭和電工もこの作戦を採用しましたが、机上の理論、空論を展開する宇井と、原告側に軸足を置く裁判所を前になす術《すべ》がなかったと言えました。

新潟水俣病における多くの試験や机上の理論において、昭和電工が原因であるとする決定的な証拠は何一つないのです。多くの人は実情を知らないゆえに、原告側や被告側双方が繰り出す実験や机上の理論、空論の正当性について判断ができないと言えました。

このような状況下で、一連の論争について判定するのは裁判官です。ここで裁判官がどう判断していたかをみていきたいと思います。
判決の中の「理由」の中では次のように書かれています。
まずは水中浮遊物です。

(四) 以上、(一) ないし (三) に検討したところを要するに、鹿瀬工場の排水中にメチル水銀化合物が含まれていた場合、それが如何なる経路により河口付近の川魚の体内に侵入したかを、逐次自然科学的に明確にされなかったとはいえ、原告ら主張の汚染経路はすべて自然科学的に可能性があるものとして残り、被告の反論をもってしても、これを否定することはできなかったと結論づけられる。

一方、食物連鎖における濃縮については、試験結果を示した上で次のように書かれています。

これが食物連鎖による濃縮か、生物のメチル水銀の取り入れ方の違いかはともかくとして、阿賀野川の原水中の生物間に、その段階に応じたメチル水銀の保有濃度の違いが出てくることは明らかである。また前掲証拠によると、被告は阿賀野川の原水そのもののメチル水銀濃度を測定していないのであるから、このブランクにおける3×10⁻⁵ＰＰＭ以下の水銀濃度の環境水における結果を比較し、自然界における食物連鎖の濃縮を否定しまうことは早計であるというべきである。

試験結果等については、原告側に有利なものは採用され、不利なものは否定されていると強く感じます。ここにおいて決定的な証拠はなく、全ては状況証拠であり、判断するのは裁判官です。裁判官の判定の多くは「判定勝ち」であり、それも大差による判定勝ちではなく、微妙でどうとでもとれる微妙な差での判定勝ちです。それはたとえ紙一重の差であったとしても状況証拠となり積み重ねられていきます。

判決文の中の「前記①、②については、その状況証拠の積み重ねにより、関係諸科学との関連においても矛盾なく説明できれば、法的因果関係の面でその証明があったものと解すべきであり、右程度の①、②の立証がなされて、汚染源の追及がいわば門前にまで到達した場合……」となるのです。

画期的とも言えるこの判決は砂上の楼閣でしかないのです。

証言を検証する

裁判には多くの証人が登場します。私たちは、その専門的な立場からの証言ゆえに、その証言を重みのあるものとして受け止めます。人それぞれ考えが異なるように、原告側、被告側がそれぞれに立てた証人の証言が異なることは当然ですが、それが純粋に科学的な見解に基づくものであるのか疑問を持たざるを得ないものも多くあります。

塩水クサビ説を主張した北川は御用学者とみなされていました。北川は御用学者ではありませんが、彼が主張した塩水クサビ説は被告側の反論の重要部分を占めていました。北川が御用学者とみなされたのは当然とも言えます。

被告側の御用学者とみなされたのは北川一人だと思いますが、原告側にははるかに多くの御用学者、あるいはそのようにみられる人がいたと言えます。原告側の証人、及び証言には、なんでこんなことを証言するのかと思うものが少なからずありました。これらは、新潟水俣病の原因究明に迫るものというよりは、いかに核心をそらすか、あるいは自分たちの主張を正当化するかであり、意味のない証言もあるということです。

第一次の裁判において、基本的な調査は厚生省疫学班が行ったとしても、水俣病の原因について争点となったものは、宇井純の『原点としての水俣病』及び『公害原論』に記載されているものです。私は『新潟水俣病は虚構である』でこれらの多くは嘘であると述べました。嘘と言えないまでも、基方的なデータなくして、一方的に自分の主張を正当化している事例が多くありました。これらは新潟水俣病の原因究明の本質に迫るものではなく、その多くが昭和電工原因説を正当化するための状況証拠づくり、それも作為的な状況証拠を積み重ねるためのものだったのです。

宇井のこの机上の理論を正当化するためには証人が必要であったと言えます。水中浮遊物における証言等は、宇井の虚説を正当化するためには不可欠であったと言えます。

次は濃縮についての証言をみていきたいと思います。判決文の「理由」に次のような記述があります。

そして、自然界における生物体内の濃縮蓄積の例としては、証人川那部浩哉の証言によると、淡水あるいは海水中の微量の炭酸カルシユムが固まりになって貝殻を造る例、ホヤ等の体内に海水中のパナジュームが10^8程度濃縮、保有される例が認められ、甲第三九号証、第九一号証によると、熊大における調査実験では、他海域から水俣湾内に移

表4-1　メチル水銀の稀薄溶液中で飼育したイトミミズ、金魚体内への水銀蓄積（喜田村実験）

	メチル水銀濃度（ppm）	飼育日数（日）	体内メチル水銀量（ppm）	蓄積倍数	体内全水銀量（ppm）	蓄積倍数
イトミミズ	0.0003	14	0.15	500	0.51	2,150
		47	0.5	1.670	1.65	6,870
	0.003	14	1.9	630	—	—
		50	12.2	4,070	13.6	5,670
金魚	0.0003	10	—	—	0.48	2,000
		38	0.15	500	1.07	4,460
	0.003	15	0.35	117	2.5	1,040
		39	0.71	237	3.1	1,290
	0.03	20	—	—	11.0	367

出典：『新潟水俣病裁判、判決全文』（添付「別紙」「表」「図」）

植した無毒のカキは一ないし数ヵ月間に有毒化し、その水銀含有量が一〇PPMに達した例が報告され、さらに喜田村の実験では3×10^{-4}、3×10^{-3}等の濃度の塩化メチル水銀溶液で飼育した金魚、イトミミズに、表（20）（表4－1）のとおり数十日に数千倍の水銀濃縮があった例が報告されていることが認められる。

水俣湾の百間港の底泥は二千PPMあります。これは例外としても、三キロメートル沖でも十二・二PPMありました。十PPMの底泥に生息していて百PPMになったら濃縮と言えますが、十PPMの底泥中で生息していて十PPMになったとしても、それは濃縮とは言えないと思います。

次に貝殻についてです。貝が貝殻を作るのは生体に必要だからです。しかしタコや海藻には炭酸カルシユムはほとんどないと言えます。これは新潟水俣病に関する証言なのです。貝という生体に必要不可欠な炭酸カルシユムと、無用有害な水銀を同一線上に置くような証言には疑問を感じます。川那部の証言は「濃縮」ということだけに重点が置かれており、これも状況証拠作りの一つと言えます。

川那部は炭酸カルシユムを微量としていますが、宇井は海水のカルシユムの濃度を一PPMとしています。実際は四〇〇PPM（〇・〇四パーセント）であり、川那部はこのことを知っていたと思います。さすがに一PPMとは言えず微量としていますが、四〇〇PPMは微量とは言えないと思います。ここにおいて、基本となる海水のカルシュム濃度の数値なくして「濃縮」という証言は、その正当性を疑わせることになります。

喜田村の実験において（表4－1）金魚は当然と言えますが、他の生物はイトミミズです。なぜイトミミズなのでしょうか。3×10^{-3}（0.003）のメチル水銀の蓄積倍数は、金魚では二三七倍ですが、イトミミズは四〇七〇倍あります。全水銀でも金魚が一二九〇倍なのに対して、イトミミズは五六七〇倍と大きく異なっています。イトミミズは蓄積倍数が高いゆえに実験に用いられたと言えます。

私が、この表において注目して欲しいと思うのは金魚やイトミミズの水銀値です。3×

10^{-3}ＰＰＭにおいて、イトミミズのメチル水銀値は一二・二、全水銀値では一三・六となっています。これに対して金魚は、メチル水銀値は〇・七一、全水銀値で三・一ＰＰＭです。金魚の水銀値では水俣病の発症を疑わせるものがあり、そこにイトミミズの役割があると言えます。

判決文はこの後、食物連鎖による濃縮について原告側の川那部の証言を取りあげていますが、被告側の主張する食物連鎖による濃縮実験の結果については否定的です。原告側の主張する濃縮については『新潟水俣病は虚構である』で紹介しましたが虚説でしかないのです。川那部の証言は机上の理論、空論でしかなく、新潟水俣病にはまったく通用しないものなのです。

裁判には多くの証人・証言が登場します。私も化学知識に乏しく、証言がどの程度の正当性があるのか判断できないものが多いことも事実です。しかし、これまでに私が取りあげたものについての裁判では圧倒的に原告に有利になっています。特に自然界に関わるものについてはそう言えます。そして、その多くが宇井の主張していることなのです。

宇井は、反論は質より量と言っています。宇井は自分が主張したことを正当化するためにたくさんの証人を必要としたのでした。喜田村は疫学班のメンバーの一人です。疫学班は宇井の虚説を立証することに加担しているのです。そこには裁判所という審判役も不可欠だったのです。

昭和電工を追いつめる

裁判において、その原因についての諸説は裁判官の判定によって原告有利な状況が作られていきました。これらは原告、被告の証人、証言にもみられました。原告側の証人の証言はその多くが認められ、被告側の証人の証言は否定的に扱われ、退けられていきました。そして「その情況証拠のつみ重ねにより……」「汚染源の追求がいわば企業の門前まで到達した場合、③については、むしろ企業側において、自己の工場が汚染源になり得ない所以を証明しない限り、その存在を事実上推認され、その結果すべての法的因果関係が立証されたものと解すべきである」となるのです。

裁判所の判決において、昭和電工を原因とする確たる証拠は何一つなく、全ては原告が主張し、裁判官が判定した状況証拠によるものなのです。

裁判においては、その情況証拠などから立証責任は企業側にあるとしています。確かに、その情況証拠がゆるぎなきものであった場合にはそう言えますが、争点の多くは虚説であり、根拠のないものでしかなかったのです。ここでの情況証拠は裁判官の主観的な見方でしかなく、しかもそれらはシナリオに基づくものであったと言えるものなのです。

ここで、なぜ裁判官は企業側に立証責任を負わせようとしたのでしょうか。前にも述べたように、裁判官は原告側代理人と共に鹿瀬工場に現場検証を行っております。この現場検証は、昭和電工を原因企業と決めつけ、その証拠があって行ったのではなく、証拠捜しに行ったと言う方が正解だと言えます。しかし、そこにおいては何も得ることはできず、昭和電工原因説を立証することは不可能と判断せざるを得なかったわけです。ならばどうするか。それが口頭弁論のところで述べたように立証責任を企業に転嫁することだったのだと思います。

それは次のことについても言えることです。

そして、③にいたっては、加害企業の「企業秘密」の故をもって全く対外的に公開されないのが通常であり、国などの行政機関においてすら企業側の全面的な協力が得られない限り、立ち入り調査をして資料採取することなどはできず、いわんや権力の一かけらも持たない一般住民である被害者が、右立ち入り等をすることによりこれを科学的に解明することは不可能に近いとも言えよう。

ここでは二つのことに注意する必要があります。一つは、一応通常とは断わってはいますが、「国などの行政機関ですら、企業側の全面的な協力が得られない限り、立ち入り調査をして資料採取することはできず」とあります。

次に述べますが、国は解体前の工場に立ち入り調査をしているのであり、何をもって「国などの行政機関においてすら企業側の全面的な協力が得られない限り、立ち入り調査をして資料採取などはできず」としているのでしょうか。

工場はもうないのです。残ったのは十か二十のガラクタのみ、立ち入り調査をしても証拠となるようなものは何一つないのです。しかもそこに裁判官は原告代理人と共に現場工場内に立ち入っています。この現場検証とは何であったのか。そして同行した原告側代理人の役割とは何であったのか。裁判官の言うことに虚しさを感じます。

次は「いわんや権力の一かけらも持たない一般住民である被害者」としていますが、調査をしたのは厚生省特別班なのであり、その厚生省特別班をもってしても、昭和電工を原因企業とする証拠を何一つみつけられなかったのです。裁判官はそれを隠すために「権力の一かけらも持たない……」を持ち出してきたと言えます。

裁判官はプラント解体や製造工程図の焼却をもって証拠隠滅をはかったとしていますが、これは事実ではないのです。

被告昭和電工は、裁判における『被告主張事実（最終準備書面）』で次のように述べています。

なお、被告鹿瀬工場の右水銀除去施設を含むアセトアルデヒド製造の全施設は、昭和四〇年一月、アセトアルデヒド製造の中止とともに関連事業場への転用を計画していたのであるが、たまたま同年六月十二日本件患者発生の発言があり、阿賀野川沿岸化学工場も農薬とともに疑いが持たれるにいたったので、しばらくこれを在置することにした。その後、調査のため、同工場へ、厚生省館林環境衛生局長をはじめ通産省、経済企画庁、新潟県から何回か来場された際も、厚生省特別研修班が昭和四〇年一〇月一三日来場された際も、従来のまま在置されていたので、十分調査することが可能であったのである。その後は、施設の再調査の要求も、施設保存の要請もなかったので通産省の了解のもとに、被告会社のかねての計画に従って、昭和四〇年十一月頃から徐々に施設の撤去が行なわれ、昭和四一年四、五月頃にはその主要部分の徳山石油化学株式会社、被告会社中央研究所及び川崎工場等への移送が完了するに至ったのである。

プラントは関係者の視察が行われなくなり、通産省の了解のもとに解体されたのであり、裁判官はそのことを知っていながら、証拠隠滅のため急ぎ解体したように言っています。裁判官は、裁判官の資格さえも持ち合わせていないと言えます。

それは製造工程図についても言えることです。過去の遺物とも言える製作工程図には何の価値もなく、証拠となるようなものは何一つないと言えます。それゆえ通産省も、厚生省特別班も、残しておく必要性はないと思っていたゆえに残しておいてくれとは言わなかったのだと思います。それなのに、焼却したあとになって証拠隠滅というのは、言いがかりとしか言いようがありません。問われるとしたら、それは通産省や厚生省特別研究班の方であり、そして裁判官であると言えます。

また、被告昭和電工が水銀の痕跡を残さないように、これらをきれいに除去し、証拠を消し去ったように主張していますが、むしろ危険な水銀を残しておくことの方が危険と言えます。水銀について言うのであれば、それは解体前に調査しない方が悪いのです。そして、もし水銀が残っていたとすれば、今度は逆に「危険な水銀をそのまま放置して……」となることは必至と言えました。

裁判官が述べていることは全てが昭和電工を追いつめるための詭弁でしかなく、そこには裁判官としての常識や良識もないと言えます。

プラント解体について、それを証拠隠滅のように言いますが、たとえプラントが残っていたとしても、そこからどの位の水銀が使われ、排出されたかを知ることは不可能と言えます。水銀が出るのか、出ないのか、また出たとしてその量はどれ位か。それを知るにはプラントを稼働するしかないと言えます。

しかし、もう工場はないのです。被告昭和電工は自らにかけられた疑惑を晴らすためにモデル実験を行います。

被告は、昭和四三年四月から昭和四四年一二月ころまでの間、鹿瀬方式によるアセチレン水反応のモデル実験として、つぎの実験を試みた。

実験内容については省略しますが、判決文は次のようになっています。

しかしながら、証人村山敬博の証言によると、実際に右のモデル実験に当った同人らは、モデル実験と本プラントの相似性を決める際、格別本プラントに関する具体的資料につき検討したのではなく、主に操業当時の鹿瀬工場有機課長であった前記小沢謙次郎の指導によって決めたことが認められるところ、すでに認定のとおり、被告は昭和四〇年暮までには本プラントに関する製造工程図など一切の資料を焼却、廃棄してしまったのであるから、実験開始を検討した昭和四三年四月頃には、被告の手許には本プラントに関する資料は何ら残っておらず、結局、小沢のわずか一年位の有機課長としての経験（しかも、すでに認定したように、当時においても製造工程図は有機課では保管していなかった。）を、操業停止してから三年後の記憶に基づいて、本プラントを再現したものと推認せざるを得ないのであるから、被告主張のようなモデル実験と本プラントの類似性をにわかに肯定することはできない。そして、本プラントとの類似性に疑問がある以上、右のモデル実験の結果は、本プラントにおけるメチル水銀化合物の副生の有無等を検討するに際し、一つの資料になりうるとしても、被告主張のように、これをもって直ちに本プラントの場合に当てはめてその結論を云々することは到底許されないものと言わなければならない。

確かに、製造工程図はありません。プラントを作るにも設計図が必要です。それはまた一個人の知識ではとても収まらない膨大なものであると言えます。

しかし、アセトアルデヒドの製造方法は基本的には同じであり、そう大きな差はないと言えます。当時、アセトアルデヒドを作っていたのは七社八工場ありましたが、他社の協力を仰ぐことも可能であったと思います。製造方法などは科学誌などからも知ることができたと思います。これまでの製造方法は効率が悪く、時代は新しい製造方法に切り替わりつつあり、旧式の製造方法に企業秘密はないと言えました。小沢が指導したのは、本プラントとの違い、ミニ化による構造の差であったと言えます。

アセトアルデヒドの製造方法において、各社ともそう大きな違いはないはずであり、皆同じようなものであったと言えます。モデル実験だけがこれを逸脱したとは思えません。何より類似性なくしてアセトアルデヒドを製造できるとは思いません。

第二四回口頭弁論において、裁判官は証人北川の証言を無視、否定しています。被告昭和電工の主張を認めようとしない裁判官の姿勢は何かと問題があると言えます。

裁判史上における一大汚点

新潟水俣病の調査にあたった人たちの多くは、その原因は初めから昭和電工と決めつけていたと思います。水俣病という教科書、やがて出された政府見解、何よりも他に原因は考えられませんでした。一般の人々もマスコミの報道などからその思いを強くしていきました。

社会状況の変化もありました。熊本の水俣病の頃とは異なり、人々は公害に対して厳しい目を向けていました。熊本の水俣病におけるチッソの横暴などもあり、昭和電工にも厳しい目が向けられていたと言えます。

多くの人がそうでありましたが、裁判官とて例外ではありませんでした。裁判官もまた初めに結論ありきであり、初めから原因は昭和電工とみなしていたと言えます。そのゆえ裁判官の軸足は初めから原告側にあり、あとはいかにして昭和電工を有罪に追い込むかにかかっていたと言えます。多くの事象において、裁判官は主観的判断をもとに状況証拠を積み重ねていきました。

これまで述べてきたように、一連の裁判は宇井の書いたシナリオに沿って動いてきたと言えます。宇井は第二四回口頭弁論において鋭い舌峰で北川を追いつめていますが、北川が鹿瀬工場に行ったのは安全工学員の視察であり、裁判とは直接関係ないものであり、口頭弁論の内容も茶番劇以外のなにものでもなく、必要ないものと言えました。ここにもやはり宇井の意向が働いていると言えます。

裁判官にとって宇井は頼りになる存在であったと言えます。新潟水俣病の原因をめぐっての争点は二つに分けられると思います。一つは自然化学に関するもので、それらの多くは宇井の主張に関するものでした。

もう一つは高度の化学知識を必要とするものでした。化学者でない限り製造工程図をみても何も解らないと思いますし、アセトアルデヒドの製造プロセスについても理解できないと思います。裁判官とてこれを完全には理解できなかったと思います。化学の専門家はいたとしても、それが新潟水俣病との関係についてとなると難解であったと言えます。

ここにおいても宇井の存在は大きかったと言えます。宇井は高度の化学知識を持っていました。何よりもその巧みな弁舌は人々を納得させるに十分な力を持っていました。たとえそれが虚実入り混じったものであったとしても。化学の知識に乏しい人々は宇井の話を疑うことはなかったと思います。

ここにおいて最大の難関は北川の存在でした。北川は化学界の第一人者です。まともに化学論争をしたら、宇井は北川に勝てなかったと言えます。しかし北川も、化学論争を除けば宇井の敵ではなく、宇井の策謀によって社会的に抹消されていきました。これらのことから裁判官は宇井のシナリオを信じ、シナリオに沿った判決を出したのだと思います。

私は判決文の原案は宇井が書いたと思っています。判決文ですから、それなりに形式的なものもあると思いますが、少なくとも新潟水俣病の原因については宇井の全面的な協力がなければ書けなかったのではないかと思っています。裁判官もまた初めに結論ありきであり、原因は昭和電工と決めつけていました。それゆえ、多くの事象は被告側に有利な判断を下し、それを状況証拠として積み重ねていきました。しかし、漁協組合員における漁獲量の本質の切り替え、桑野家の猫の狂死の解釈のあり方は普通の裁判官では考えつかないことだと思います。何よりも、裁判官が被告の主張を無視して、プラントの撤去や製作工程図の焼却を非難しているのは納得できないものがあります。そこにもやはり宇井の書いたシナリオがあったと考えざるを得ないのです。

先にも照合した「③にいたっては、加害企業の「企業秘密」の故をもって全く対外的に公開されないのが通常であり、国などの行政機関においてすら企業側の全面的な協力が得られない限り……」としていますが、企業秘密などないも同然なのです。裁判において「企業秘密」を声を大にして取りあげているのは、昭和電工が原因企業であることを立証できないことへの言い訳にすぎないのです。

判決は企業秘密を公開すれば原因がわかるように言っていますが、これは昭和電工に自白を強要しているように思えるのです。新潟水俣病の調査を行ったのは厚生省特別班ですが、国の行政機関をもってしても昭和電工が原因企業であるとする確実な証拠は何一つみつけられなかったのです。「いわんや権力の一かけらも持たない一般住民である被害者が……」としていますが、それは昭和電工が原因企業であることを立証できなかった行政機関の隠れミノなのです。

いわば自白の強要、これは冤罪事件によくみられるケースと同じではないでしょうか。確実な証拠があれば自白など必要ないのです。刑事事件などの捜査において、容疑者には黙秘権があります。自分にとって不利になるようなことは黙秘する権利があります。しかしこの判決文は「お前が黙秘しているから事件の解明ができないのだ」と言っているようにみえます。裁判所のいう「企業秘密の公開」が自白の強要にあたるとは言えないかもしれませんが、そのモラルは問われるべきではないでしょうか。

判決文は「一般的に」と言っていますが、「加害企業」が昭和電工を示唆、あるいはそう思い込ませるものがあります。「企業秘密」や「加害企業」は昭和電工のイメージを悪くするために使われていると言えます。「疑わしきは被告人の利益」と言われますが、状況証拠の多くは裁判官の主観的判断により原告有利となっています。この裁判においては「疑わしきは原告側の利益」なのです。

たとえ新潟水俣病に関心を持っていたとしても、判決文を読む人は少ないと思いますし、読んだとしても深く考えることはないと思います。原因は昭和電工と考える人はこの判決は妥当だと思っていると思います。人は自分の趣旨に合った主張などは好意的に受けとり、多少おかしいと思うことがあったとしても、それを検討するようなことはせず、黙認しがちです。現地の実情を知らないことも大きかったと思います。

新潟水俣病の原因は埋設された農薬であり、昭和電工原因説はあり得ないとする私の立場からみると、この判決文は読むに堪えないものなのです。新潟水俣病に関心があるならば、ぜひとも判決文を読んでいただきたいと思います。現地の実情についての資料はこれまでに提供してきたつもりです。

第二四回口頭弁論において、原告側代理人は「そんなこと聞いていません。裁判長、ご注意いただきたい」と述べています。これに対して裁判長はそれに沿う発言をしています。主導権は原告代理人にあるようにみえます。社会的圧力もあり、「昭和電工は無罪」の判決を出すことは不可能とも言えました。昭和電工を原因企業とするには宇井の協力が不可欠でした。最初は協力を仰ぐ立場であったと思いますが、やがては、その力関係は逆転してしまったと言えます。裁判官が一部違和感を抱いたとしても、それが通ることはなかったと思います。裁判官は宇井に全て依存していたからです。判決文は宇井が原案を書いたのだと思います。裁判所は、これにお墨付きを与えただけだと思っています。

これは私の推測であり、確認できる手段はありませんが、私は間違いないと思っています。私の推測が正しいとすれば、それは日本の裁判史上における一大汚点と言えます。裁判官はその権威を高めるために黒い法衣を着て、一段高い位置にいます。裁判官は法に基づき、良心に従って判決を出すのであり、外部の圧力に左右されてはいけないと思います。新潟水俣病はあまりにも復雑な要素が絡み合ったゆえにこのような結果になったものと思いますが、これは日本の裁判史上において取り返しのつかない一大汚点を残すことになったのです。

第五章　新潟水俣病は国家犯罪という公害である

国家対昭和電工

新潟水俣病は、水銀中毒の被害者が原因企業とされる昭和電工に損害賠償を求めた民事裁判です。通常、民事裁判において国が介入することはないと言えます。しかし新潟水俣病においては、この原則があてはまらないと言えました。新潟水俣病の裁判も原則的には被害者の水銀中毒患者と昭和電工との争いではありますが、実質的には国と昭和電工の争いであったと言えます。

熊本の水俣病の原因はチッソの工場から排出された水銀によるものでした。しかしその原因物質が何であるかを突きとめることは困難をきわめました。この間、チッソは原因物質は不明であるとして自らの責任を認めず、補償にも応じようとしませんでした。

やがては水俣も裁判に踏み切りますが、当初は漁民とチッソの争いであり、行政も深く関与することはありませんでした。ましてや新潟水俣病のように、一方の側だけを支援することもありませんでした。

当時において、水俣病は熊本の一地方に起きた出来事であり、全国的にもあまり知られていませんでした。また、公害ということに対しても人々の自覚は弱く、このこともまた会社側の強気を支えたと言えます。企業城下町ということもあり、被害者は孤立無援であったのです。

新潟における水銀中毒患者の発生は水俣病の悲惨さを想起させるものでした。また社会は公害に対して厳しい目を向け始めており、国もこれを見逃すことはできませんでした。新潟水俣病の公式確認は昭和四十（一九六五）年五月三十一日、公式発表は六月十二日でした。この間に、第一次の裁判で団長を務めた近喜代一の父親が水銀中毒とみられる症状で死亡します。死亡したのは六月二日。それから約二週間後には国が動いています。

近喜代一の日記には、次のように書かれています。

六月十五日
きょうお昼前、厚生省の課長ほか三十人もきて、約二十分間症状を聞いていく。今回の病気は水銀中毒と断定、父も同病なり。

国（厚生省）は、近喜代一の父親の死を受けて、間を置かずして新潟に調査団を派遣しており、そこに並々ならぬ危機感を感じ取ることができます。水俣病の二の舞は許してはならないとの思いは厚生省だけでなく、他の省庁や県も同じだったと言えます。

判決の中の「理由」に次のような記述があります。

（二）、国の調査研究組織の設置

同年七月二一日ころから、厚生省は臨床、疫学、衛生、薬化学等の諸学者から意見を求め、また同月三十日には、厚生、通産、農林、科学技術、経済企画等の関係各省庁の合同連絡会議が開催され、各省庁は県水銀対策本部の業務に協力し、調査研究態勢をととのえることにしたが、九月八日に至り国の調査研究組織が設置された。

すなわち、科学技術庁の予算から本件中毒症事件の調査研究費を支出することとし、これを本件中毒症事件の（Ⅰ）疫学的調査研究、（Ⅱ）水銀化合物による汚染態様に関する研究、（Ⅲ）水銀汚染水棲生物の分布調査、（Ⅳ）水銀中毒の診断に関する研究、（Ⅴ）以上の総合的推進の各分担に分けて予算を配布し、右のうち（Ⅲ）は農林省日本海区水産研究所、（Ⅴ）は科学技術庁研究調整局の所管となったが、その余の研究については厚生省の所管となり、同省内に「新潟水銀中毒事件特別研究班が結成され、その中で右の（Ⅰ）については「疫学研究班」、（Ⅱ）については「試験研究班」、（Ⅳ）については「臨床研究班」と三班が分担してそれぞれ調査、研究することとなった。

まさしく、国は総力をあげて新潟水銀中毒事件に対応しているのです。その人数は、原因調査の中心を担った疫学研究班で八人、試験研究班が二十人、臨床研究班で十人と、合計で三十八人となっています。これに他の省庁などを加えると、少なくとも五十人程度の人員が動員されたことになります。

県も積極的に調査に乗り出しています。

そこで、同日県は「新潟県水銀中毒本部」（但し、原因物質が有機水銀にまちがいないと判断された同年七月三一日に『新潟県有機水銀中毒研究本部』と名称を変えた。）を設置し、本部長に県副知事と新大医学部長が当り、その下に医学調査研究部（部長新大医学部長）と環境調査研究部（部長県衛生部長）を置き、前者は臨床班、実態調査班、病理解剖班、化学分析班、疫学班に分かれて新大の各教授がこれを担当し、また後者には庶務班、疫学班、動植物班、水道班、試験検査班があって、それぞれ県の関係各課が責任をもって当ることになった。

県もまた国に劣らない人員を動員していることになります。新潟水俣病の原因究明には現地の実情を知る必要がありました。これは地元の行政機関でなければできないことでした。

新大は患者発生部落を中心に住民の健康調査をして潜在患者の発見に努めること、その際の部落住民の集合や健康診断の援助、阿賀野川の水、泥等の採取等のために必要な船の手配などは市が担当すること、県は農薬使用状況等の調査などを行うことを決定し、それぞれの機関がじ後、その分担に副った調査研究を開始した。

昭和電工の本社は東京にあります。しかも、鹿瀬工場は約半年前に操業を休止しており、主力は新しく操業する徳山工場に移っていました。国や県が万全な調査態勢をとっていたのに対して、昭和電工はあまりにも手薄でした。何よりも現地の実情については何一つ知らないと言えました。また県などが行った大々的な現地調査においても昭和電工にはその力がありませんでした。重要な資料やデータは、ほぼ全て国や県が握ることになります。たとえこれらの資料やデータの多くが公表されたとしても、国が昭和電工を原因と考えている限り、昭和電工に有利になるような資料やデータが公表されることはなかったと言えます。

水銀中毒症の発生は河口付近だけであり、昭和電工の社員たちの住む地域からは五十キロメートル以上離れていました。多くの社員たちは現場担当者だったと思います。彼らはどのようにして製品ができていくのかや、水銀の役割、その毒性などについてはほとんど知らないと言えました。ましてや原告が繰り出す水俣病の発症に関する科学論争に対しては、これに対応できる人物はいなかったと言えました。

確かに国は原因究明のために調査を行ったのであり、被害者を支援するために行ったわけではありません。しかし、新潟水俣病が昭和電工から排出された水銀であるとした以上、国はメンツにかけても負けるわけにはいかなかったのです。

国は、新潟水俣病の原因が昭和電工でないことを立証するような多くの事実をつかんでいました。しかしそれらを公表すれば、昭和電工は無罪となる可能性が大きく、事件は迷宮入りとなってしまいます。他に原因は考えられませんでした。当時の状況を考えれば、迷宮入りは許されないと言えました。多くの人々は、原因は昭和電工であるとの根拠なき確信を抱いており、国がそれを証明してくれることを期待していたと言えます。もし迷宮入りとなれば、国は何をやっているのかという強い批判を浴びることになります。国には迷宮入りは許されず、他に原因がみつからない以上、昭和電工を犯人に仕立てあげる以外に途はなかったのです。

裁判所は非力な被害者と昭和電工の争いとしていますが、その実態は国家対昭和電工の争いであり、その力の差は、昭和電工と水銀中毒症の被害者よりも大きいと言えます。国の圧倒的な力の前に、昭和電工は非力な弱者でしかなかったのです。

行政も「初めに結論ありき」だった

前章で私は、裁判官の資質について述べました。本来ならこれは最終章にくるべきものと言えました。しかもこれは民事事件であり、たとえ国が関与したとしても、最後は裁判所が法に基づき、良心に従って判決を下すものと思っていました。

基地問題における国と地方の争いは、国の大局的立場と、地方の生活環境保護といった価値観の違いについての争いと言えました。これらの裁判において、特に上級審において国の主張が認められる傾向にあったことは事実です。しかしそこに事実を歪曲しているものは少ないと言えます。

新潟水俣病も表面的には民事裁判でしたが、実質的には国と昭和電工の争いでした。しかもそれは価値観をめぐる争いというものでなく、水俣病の原因をめぐっての裁判であり、どちらが正しいか、白黒をはっきりさせる裁判でもありました。後で述べますが、国には負けられない事情があったのです。一方、被告昭和電工は負ければ公害企業という汚名を着せられ、多額の賠償金を支払う羽目になることは必至と言えました。

厚生省特別班の中で最も先鋭だったのは疫学班でした。その主体をなしたのが喜田村だったと言われています。ニゴイの漁獲量の少なさから目をそらし、これを地域間の差と本質の切り替えの証言をしたのも喜田村でした。

宇井は、水俣病発生から間もなくして新潟に入り、桑野家の猫の狂死から、早々に新潟水俣病の原因は昭和電工と決めつけています。宇井と喜田村、二人は共に熊本の水俣病の実情を知っていました。二人の関係については不明ですが、新潟水俣病に対してはある程度の共通認識を持っていたと考えられます。

判決文によれば「因果関係論で問題となる点は、通常の場合、①被害疾患の特性とその原因（病因物質）、②原因物質が被害者に到達する経路（汚染経路）、③加害企業における原因物質の排出（生成、排出に至るまでのメカニズム）であるとされる」としています。

このうち、①については当初からその症状は水俣病であり、原因物質は水銀であることに異論はありませんでした。②や③については、誰もが昭和電工から流出した水銀であるとは思っていたとしても、それを証明することは困難をきわめました。それゆえ②については実験や机上の理論や空論を積み重ねていきました。しかし、③については、国は昭和電工から流出したとする水銀については何一つ証明できなかったのです。あまつさえそれを、「何の権利も持たない被害者」や、「企業秘密」ゆえにと、その責任から逃れていました。

これは新潟水俣病の原因究明のむずかしさを示しています。しかし、厚生省の疫学班は、新潟水俣病の正式確認からわずか九ヵ月余りで原因企業は昭和電工と断定しています。

昭和四十一年三月二十四日の会議については、日比谷の「松本楼」で行なわれ、特別研究班全部と、科学技術庁、通産、経済企画庁、農林、水産の方々も参加した。疫学班では、すでに昭和電工鹿瀬工場だという結論が出ていた。しかし、厚生省の環境衛生局長を議長として会議が始まったが、会議の冒頭で、「これは刑事事件に発展するかもしれないから、その一分のすきがあっても皆さんがたの名誉に関わる。だから慎重に結論を出してほしい」と挨拶した。
また同局長から、「おそらく医者が七人か八人集まれば全員一致の結論はあり得ない。少数意見がかならず出るはずで、少数意見が出たら、そこを必ず付記する」という話であったが、疫学班は全員一致だったので、各員が印鑑を押して、この結論に異存がないという確約書をとった。しかし、出席すると各省の事務官から、すでに分りきった事についての議論が百出、時間の引き延ばしとしか思えず、憤然と席を立つ学者も多く、喜田村教授も電車の都合で中座してしまったという。汚染源を断定しようとする疫学班と役人側の対立は予定時間を五時間も上回り、九時間にも及び、最後に残ったのは疫学班班長の松田心一氏、新潟大学の椿忠雄教授、新潟大学の公衆衛生学教室の滝沢行雄教授だけだった。そして、研究費も四十一年三月に打ち切りになっていた。
経過をみると、国はデータの公表もさせず、研究費を使って迷宮入りにさせ、熊本の水俣の場合と同様に、見舞金で幕引きをしてしまうことが筋書きとなっていたようである。（斎藤恒『新潟水俣病』）
疫学班はわずか九ヵ月で結論を出し、しかも断定を求めています。この時においてはまだ調査も十分には終えておらず、疫学班の求める断定は拙速というより、「初めに結論ありき」と言えました。

この本の著者である斎藤恒は、宇井と同じく、弁護人と同等の資格を持つ代理人であり、昭和電工原因説を最も強硬に主張している一人です。斎藤は沼垂診療所の所長を務めており、医師の関川ともども、最も多くの水俣病患者を認定していると思われる医療機関です。これは医療機関の認定であって、正式の認定とは異なりますが、水俣病と名乗る人の手記などを読むと、その多くの人が二人によって水俣病と認定されています。

松本楼の会議において、疫学班が断定を求めることに対して、「各省の事務官から、すでに分りきった事についての議論が百出、時間の引き延ばしとしか思えず、憤然と席を立つ学者も多く……」とあります。

斎藤は、「すでに分りきった事についての議論が百出」していますが、これまでに述べてきたように、新潟水俣病にはまだ多くの分野で謎が残っていました。それゆえ議論が百出するのであり、分りきった事を二度、三度質問する者などいないと言えました。たとえば、なぜ昭和電工から五十キロメートル以上離れた河口近くだけに魚の浮上があり、その地域からだけに猫の狂死があり、そして患者が発生したのか。何一つ明確にはなっていなかったと言えますし、ましてやそれを証明するものは何一つなかったのです。「議論百出」や「分りきった事……」は疫学班の主張を正当なものとの前提にしたものであり、これに対する異論は「問答無用」と切り捨てようとしているにすぎないのです。

また斎藤は、「経過をみると、国はデータの公表もさせず、研究費を使って迷宮入りにさせ、熊本の水俣の場合と同様に、見舞金で幕引きをしてしまうことが筋書きとなっていたよう」だと述べています。また研究費も四十一年三月で打ち切りになっています。

なぜ国はデータの公表もさせず、研究費を打ち切ったのでしょうか。これは斎藤の言う見舞金で幕引きを図るといったものではなく、これ以上調査を続行することにより、疫学班の主張する昭和電工原因説の根拠が失われることに対する恐れからであったと言えます。斎藤は一部で見舞金で幕引きを図る動きもあったとしていますが、それはまさしく一部であり、本命は疫学斑の主張する昭和電工が原因と断定することにあったのです。これまで述べてきたように、昭和電工を原因企業とすることにはいろいろと無理なことが多くありました。これ以上調査を続行すれば、昭和電工原因説に不利なものが出てくることを疫学班は恐れていたのだと思います。データを公表しなかったのは、そのデータのなかに昭和電工原因説に不利なものがあったからです。「少数意見が出たら必ず付記する」という局長の言うことも実行されませんでした。少数意見の中には、昭和電工原因説に不利なものがあったと考えられたからだと言えました。

国は調査を打ち切ることにより外部の異論を封じたのです。調査がなくなったことで、その争いは机上の理論、空論へと転換していきました。それは宇井の得意とする世界であったのです。

捏造された阿賀野川の汚染

国はこれだけの人員を動員しながら、昭和電工が原因企業であることを何一つ立証できなかったのです。あまつさえ、自分たちの調査能力のなさを昭和電工に転嫁し、プラント解体による証拠隠滅や、製造工程図焼却など、企業秘密を公開しないゆえに真実の究明はできないとしたのです。

新潟水俣病の原因究明のために調査が行われましたが、そこで得られた資料やデータは、県などのものも含めて全て国が独占、管理していたと思われます。国は、この資料やデータを使って昭和電工原因説を確立していったと言えます。

その資料やデータは原告側に有利なものが多かったと思いますが、不利なものについては、そこに争点が行くことは避けていたと言えます。またニゴイの漁獲量にみられるように、その本質の転換により真実が見えなくなるようにしていたと言えます。

しかし、これはまだましなほうだと言えました。国は、昭和電工原因説について、これを否定する決定的な資料やデータをそのまま公表するのではなく、歪曲し、捏造したのです。

第一次裁判における判決「理由」のなかに次のような記述があります。

（一）、厚生省の現地調査
県から本件中毒症発生の通報を受けた厚生省では、同年六月十四日、環境衛生局食品化学課長のほか、公害課、水道課、食品衛生課から各一名の係員が現地調査に赴き、実情を聴取調査し、県側および新大側の従来の調査に協力することになった。

ここで注目して欲しいのは、調査にあたった人たちのなかに水道課の係員がいたということです。また県も水道班が参加し、阿賀野川の水を採取しています。厚生省は早い時期から、河口から約十キロメートル上流の右岸にある長戸呂浄水場の存在を知っていたと言えます。

阿賀野川の水銀濃度は十億分の一未満であり、これは現在の環境基準にもほぼ適合しています。当時の環境基準はこれより緩やかだったと思います。これは、この水銀濃度では、ここで育った魚を食べても水俣病にならないことを示していると言えます。阿賀野川は実質的には水銀に汚染されていないのです。

この阿賀野川の水銀汚染について、政府見解は次のようになっています。

2．本特別研究に関する技術的見解

本中毒発生の要因となった事象は極めて複雑であり、またそれらを再現することは困難であったが、本特別研究によって明らかにされた諸事項から本中毒発生の態様を検討した結果は次のとおりである。

（1）本中毒患者は、阿賀野川がメチル水銀化合物によって汚染された結果、メチル水銀化合物が阿賀野川の川魚に直接あるいは養餌を介して蓄積し、かかる川魚（とくに底棲性のにごいなど）を常にその食習慣から多食したため発生したものである。

（2）中毒が阿賀野川のいかなる汚染のもとに発生したかについては次の二とおりの可

能性が考えられる。すなわち、（イ）阿賀野川が長期にわたって継続的に汚染された結果、中毒が発生したという可能性と、（ロ）阿賀野川が長期にわたる継続的な汚染に加えて比較的短期間に相当濃厚に汚染された結果、中毒が発生したという可能性、とである。

この場合、本中毒が阿賀野川の上記（イ）または（ロ）のいずれの汚染の形態のもとに発生したものかを判断するために必要な資料は満たされていないので、本中毒発生が（イ）または（ロ）のいずれによったものかは断じ難い。しかし、長期汚染は本中毒発生に関与しており、寄与の程度は明らかでないが、本中毒発生の基盤をなしたものと考えられる。

（3）前記（2）（イ）に述べた長期汚染の原因としては、阿賀野川に汚染を及ぼす水銀取扱工場からの排水を考えることができる。水銀取扱工場としては、昭和電工（株）鹿瀬工場があり、同工場のアセトアルデヒド製造工程中に副生されたメチル水銀化合物を含む排水は、阿賀野川をどの程度汚染していたかは明らかでないが長期間にわたり同川に放流されていた。また、阿賀野川に並行して流れる新井郷川河口にある日本ガス化学（株）松浜工場でもアセトアルデヒドを製造しており、メチル水銀化合物を含む排水は新井郷川へ放流されていたがこれが阿賀野川に流入していたと考えることは困難である。

新潟大学の椿教授も含めて、多くの人がなぜ「断定」としないのかと、その表現に不満を強めていますが、水銀濃度が十億分の一未満という現実を前にして、疫学班も「断定」とはできなかったのではないでしょうか。政府見解は、水銀汚染などないも同然なのに、可能性としながらも、「阿賀野川は汚染された」と捏造したのです。

新潟水俣病の原因は昭和電工とする判決は、その多くが状況証拠によるものです。政府見解は、この状況証拠を積み上げるためには不可欠であったのです。新潟水俣病は初めに結論ありきであり、阿賀野川が水銀に汚染されていなければ、昭和電工原因説で争われた数々の事象は成り立たないことになります。

もし、この「比較的短期間に相当濃厚な汚染」が魚を浮上させるほどのものであったならば、この水を飲んでいた右岸の住民に何らかの被害が出ることは必至と言えました。そしてまた、右岸の人たちが左岸の人たちと同じように川魚を食べていたとすれば、右岸の住民は二重に毒物を摂取しており、左岸の人よりはるかに多くの被害者が出ることになり、その症状も重くなります。短期といえども、相当濃縮な汚染など、絶対にありえないと言えます。水道水は定期的に検査されているはずです。そこにおいても、十億分の一以上の水銀は検出されなかったと言えます。政府見解は捏造されたものであり、それは国家犯罪であると言えるものなのです。

しかし、この政府見解によって、新潟水俣病は昭和電工から流出した水銀によって引き起こされたということが、いわは既成の事実となったのです。

椿は、可能性ではなく、断定にすべしと言っています。椿も特別研究班の一人ですが、彼が所属していたのはその中の臨床研究班です。椿は長戸呂浄水場の存在も、阿賀野川の水銀濃度が十億分の一未満であることも知らなかったと思います。椿ほどの人物であれば、十億分の一未満の水銀濃度の持つ意味は十分理解できたはずです。

これらを考えると、この水道の存在を知っていたのは疫学班を中心としたごく一部の人だけではないかと考えられます。

被告昭和電工も、この疫学班に疑いの目を向けています。「理由」には次のような記述があります。

2．ところで被告は、前記最終報告書（甲第四二写証）のうち、疫学研究班の報告部分については、同研究班が本件中毒症事件について、鹿瀬工場が原因であるとの予断のもとに、疫学的手法を誤用して、自己に有利な資料または作為的な資料に拠り、果ては共同研究班の調査結果を無視するまでして、本件中毒症の汚染源を鹿瀬工場アセトアルデヒド排水であると「診断」しているから、疫学研究班の報告部分は信憑性がない旨主張しているので……。

ここにおける共同研究班の調査結果の内容がわからないゆえに確かなことは言えませんが、被告が主張していることは事実と言えます。ただ、被告昭和電工が新潟の実情を知らなかったゆえに具体的な反証をすることができなかったと言えます。そして何よりも、この水道の存在を知らなかったことが最大の痛恨であったと言えます。

隠蔽された干魚の検査結果

昭和電工原因説を立証するためには阿賀野川が汚染されていなければならず、「汚染」が捏造されたのです。

そして今一つ、昭和電工原因説を否定するものがありましたが、これは完全に「隠蔽」され、これが問題になることは一度もありませんでした。これは阿賀野川の汚染問題と同様、知られては困る国家秘密とも言えるものでした。もしこれが広く知れわたれば、それは昭和電工原因説を否定する決定的な証拠になるだけでなく、逆に「塩水クサビ説（農薬説）」を後押しする有力な証拠になりえたからです。

国家秘密とは何か。それは一日市の近家から持っていった干魚の分析結果です。斎藤恒は、そのことについて次のように述べています。なお、文中の近藤喜一は仮名で本名は近喜代一です。

水俣被災者の会の会長近藤喜一さんは「公表後二〜三日して、おらの家に厚生省の役人が回ってきた時に、犯人は昭和電工だからね、筋道と間違わぬようにはっきりさせて下さい」と言い、干し魚にして籠にいれておいた川魚をすっかり持たせてやったと言う。しかし、その魚の水銀濃度については新聞紙上にも私にも知らせてくれない。その後、このことは厚生省に水俣病の問題で交渉に行ったときも聞いてみたが不明だった。証拠湮滅のために持って行ったのじゃないか、と近藤さんはあとあとまで言っていた。大学の先生が、厚生省の役人のすぐ後に「魚をいただけませんか」といってきた。捜したら死んだ猫の食べ残した干し魚、ハヤが半匹残っていたのでそれをやったら、七月一日の新聞で三五ＰＰＭの水銀が検出され、魚の線が強くなる、と報じられた（『新潟水俣病』）。

厚生省はなぜ干魚の分析結果を公表しなかったのでしょうか。それは魚からメチル水銀が検出できなかったからと言えます。国の行う検査ですから、最高の機器、技術を持っていたはずです。そこにおいては水銀の種類だけではなく、農薬に含まれる全ての物質を検出できたはずです。もしこの分析検査によってメチル水銀が検出され、それが大部分を占めていたとすれば、それは昭和電工が原因企業であるという決定的な証拠になります。阿賀野川流域で大量のメチル水銀を使用しているのは昭和電工しかないからです。これが第一の理由です。

そして、検出されたのが農薬のフェニル水銀であった場合、昭和電工原因説はおろか、水俣病そのものが疑われます。フェニル水銀では水俣病を発症することはないのです。これが第二の理由です。

第三の理由は、水銀以外の物質においては、そのいずれもが農薬に関係する物質であったと考えられることです。これは北川が主張した「農薬説」の強力な後押し材料となります。厚生省が魚の分析結果を公表しなかったのは、それが自分たちの首を絞めることであったからです。しかし、魚の分析結果を公表しなかったことで、水俣病と水銀の関係はさらに混迷を深めていくことになります。

まずは北川です。北川は魚の汚染は全てメチル水銀によるものとみていますが、それは農薬のなかのフェニル水銀が貯蔵中にメチル水銀に変化するからだとしています。しかしこれはかなり長期における貯蔵の場合であって、農薬がそんなに長期に貯蔵されることはないのです。そしてまた、メチル水銀が猛毒であるならば、農薬として散布できないことになります。フェニル水銀に含まれるメチル水銀は多くて二～三％、この量では魚にはほとんど影響はないと言えます。北川は水俣病に疑いを持たず、その原因がメチル水銀と信じているゆえに迷走しているのだと言えます。

一日市の桑野家の猫での実験において、新潟大学の滝沢行雄は、メチル水銀が検出されたとしていますが、これが裁判ではアルキル水銀となっています。一方で疫学班は、アルキル水銀では水俣病は発病しないとも言っており、ここでも迷走がみられます。

桑野家の亡くなった自動車修理工の頭髪からは事実上水銀は検出できませんでした。これは水俣病発症のメカニズムに反しています。水俣病を発症するためには汚染された魚を長期間食べ続けていることが条件であり、水銀が髪にたまる前に死亡するということはありえないからです。

その上の兄は、毛髪に五二七PPMの水銀値がありましたが、一時的にはともかく、その後も四肢が不自由なままということはないようにみえます。メチル水銀は中枢神経を破壊すると言いますが、毛髪に五二七PPMが蓄積しても中枢神経は破壊されなかったのでしょうか。

二人とも、その原因は一般農薬の毒物によるものなのです。それゆえ自動車修理工は頭髪に水銀が行くまえに死亡したのであり、一方の兄の水銀値は農薬に含まれるフェニル水銀であり、それゆえ中枢神経は破壊されることはなかったのです。原因はメチル水銀ではなく、一般農薬なのです。

有機水銀と無機水銀、メチル水銀とエチル水銀、フェニル水銀とアルキル水銀、それぞれの特性のちがいや、その相互関係、さらにそれが生物体にどのような影響を与えるのか。これはかなり専門的な知識が必要であり、私はここで筆をおくことにします。

しかし、最初にあげた三つの理由についてはまちがいないと思っています。水俣病において、メチル水銀は猛毒であり、フェニル水銀が水俣病において無害であるということに異論はないのです。政府見解において、阿賀野川はメチル水銀によって汚染されたとなっていますが、魚からメチル水銀が検出されなければ汚染はないことになります。時間的には前後しますが、それは初めから国が原因は昭和電工としているからです。

厚生省特別研究班のなかで、昭和電工原因説を最も強硬に主張したのが疫学班でした。もし、近家から持っていった干魚を疫学班が分析していたら、メチル水銀が大量に検出されていたとして公表されていた可能性も考えられました。彼等は、阿賀野川が汚染されていると捏造していたからです。詳細はわかりませんが、干魚を分析したのは特別研究班のなかの試験研究班であったと思われます。彼等にプライドと良心がある限り、疫学班も捏造は不可と言えました。ここにおいて、疫学班は沈黙を余儀なくされたと言えます。

裁判においては、昭和電工が「企業秘密」を公開しないゆえに新潟水俣病の解明ができないとしています。すでに旧式となったアセトアルデヒドの製造方法に企業秘密などないのです。しかし、干魚の分析結果は新潟水俣病の原因究明には不可欠なものなのであり、「国家秘密」であっても隠蔽は許されないことなのです。確かにこれは裁判とは直接的にはつながってはいませんが、それは表面的なことにすぎず、司法と行政は一体となって昭和電工を追いつめているのです。厚生省にとって、昭和電工原因説を否定する干魚の検査結果は絶対に知られてはならないことであったのです。

昭和電工は、裁判における被告であり、不利なことは黙秘する権利があると言えます。しかし、厚生省は公正中立でなければならず、特別研究は原因究明のために設けられたものであり、干魚の検査結果も公表する義務があると言えます。川から捕獲された魚も水銀値だけであり、水銀の種類はありません。厚生省は、干魚の分析から、捕獲した魚の水銀の種類から回避したと言えます。魚の水銀について、メチル水銀はふれてはならないものとなったのです。

新潟水俣病を総括する

新潟水俣病は一九六五年五月三十一日に公式確認され、一九七一年九月、原告勝訴が確定しました。これにより、新潟水俣病は昭和電工が排出した水銀によって引き起こされたということが定説となっており、これに疑いを持つ人はいなくなりました。

新潟においては、魚は行商人から買うものであり、ごく一部の漁協の組合員を除けば川魚を獲って（食べて）いる人はいませんでした。しかも漁協組合員が獲るのは、サケやヤツメウナギといった海から遡上してくる魚が主体であり、漁期である十一月から三月までを除けば、川で魚を獲っている人はいないも同然でした。新潟水俣病は、このサケ、ヤツメウナギの漁期と、川魚の汚染のピークが重なったことも一つの要因でした。特に、一日市、江口の人たちについてはそう言えました。

新潟において、阿賀野川の川魚は誰も食べていないということは共通認識でした。水俣病の被害者も当初は左岸の河口付近だけであり、多くの人々は水俣病を発症したとしても、それは一部でしかなく、自分達は関係ないと思っていました。

しかし、裁判で原告が勝利し、多額の賠償金が支払われたことから、水俣病と名乗る人が多数現われるようになりました、その一方で、その多くがニセ患者呼ばわりされていました。

その人たちが水俣病でないことは誰もが知っていました。しかし、マスコミの報じるのは、水俣病と認定され、それなりの障害を持つ人や、水俣病と名乗る人の言うことばかりであり、現地の実情を知らない人に真実を知る機会はありませんでした。

阿賀野川の川魚を食べている人はいない。それが『新潟水俣病を問い直す』を書く事の出発点でした。それゆえ最初は、魚を獲る事のむずかしさや、漁獲量などを中心に書き進めてきました。

しかし、新潟水俣病について調べていくうちに、しだいに新潟水俣病自体に疑いの目を向けるようになっていきました。新潟水俣病の原因は本当に昭和電工なのか。新潟水俣病に関する著作物等を読んでいくうちに、そこに書かれていることの多くが、新潟の実情を何一つ理解することなく、机上の理論、空論で終始しているということでした。これらのことは『新潟水俣病は虚構である』を読んでもらえばわかると思います。一部未解明な部分はありましたが、ここで一段落と考えていました。

しかし、いわば残務処理をしているうちに新たな疑惑が浮上してきました。これは、国家（行政、司法）が主導した冤罪事件であり、それは犯罪ではないかということでした。その一部はこの著書でも述べましたが、国は、事象の多くを机上の理論、空論によって昭和電工原因説を形成していったのです。

多くの人は私の著書は読んでいないと思います。そこで、一部重複する部分もありますが、新潟水俣病を総括するという意味で、今一度、国が新潟水俣病に対する多くの事象にどう対応していたかを列挙してみたいと思います。

①　阿賀野川の水は実質的には水銀によって汚染されてはいませんでした。阿賀野川が昭和電工からの排液によって汚染されたというのは捏造であり、これは国家による犯罪と言えました。

②　厚生省は一日市の近家から大量の干魚を持ち帰りましたが、この検査結果については何一つ公表していません。それは、この魚からはメチル水銀は検出されず、検出されたのは農薬に使われるフェニル水銀であり、他にも多くの農薬の成分が検出されたはずです。フェニル水銀では水俣病を発症することはなく、また北川の主張する「農薬説」の有力な材料になります。厚生省にとって、干魚の分析結果は「パンドラの箱」であり、開けてはならないものであったのです。

③　阿賀野川の河口から約七キロメートルの区間で魚の浮上があり、同じ時期、たくさんの魚が獲れました。一日市の近家の人たちはこの魚を食べて水俣病になったのでした。それゆえ、この魚の浮上、豊漁の原因がわかれば、新潟の水俣病は解決することになります。しかし、その原因調査は行われませんでした。

そのことについて、判決では次のようになっています。

(2) そして、右のように地震後一定の時期に阿賀野川に「異常豊漁」があった事実は、その時期に汚染が強まったことを示唆するものであり、この点からみる限り、乙説の方が説明し易いことは否定できない。すなわち甲説では、鹿瀬工場の排水中にメチル水銀量の急増、あるいは地震による河床変動の影響等を考慮しない限り説明しづらいところである。

しかし、阿賀野川河口の川魚につき一定時期に「異常挙動」が集中していたことは、必ずしも乙説にとって有利な現象であるとは言えない。何故ならば、乙説の説くように、塩水楔により運ばれたメチル水銀が阿賀野川河口の川魚に異常行動を惹起させたものであるとすれば、すでに認定したところから明らかのように、メチル水銀が同河口に達する以前の経路、すなわち、新潟港内、信濃川河口、および同所から塩水楔が遡上する八千代橋付近までに至る水域、あるいは信濃川と阿賀野川間の日本海沿岸等においても、異常豊漁がないのはともかく(前二者の水域には漁獲禁止区域が多いことは、当裁判所に顕著な事実である。)、少なくとも、川、海魚の浮上などの異常挙動がなければならないはずであるところ、本件全証拠によってもこれらの事実は見出し得ない。してみると、この川魚の「異常挙動」は、必ずしも乙説に根拠を与えるものとは言えない。

この判決文の異常さは、甲説（昭和電工原因説）と乙説（塩水クサビ説）の言及の差にあります。裁判官は、乙説についてはこれを否定するということに対してあらゆる可能性を取りあげています。これに対して甲説ではメチル水銀急増や、地震による河床変動だけで、他に言及はなく、説明しづらいで終わっています。これまで述べてきたように、魚の浮上（異常挙動）は昭和電工から流出したとする水銀では絶対に説明できないものなのです。トップクラスの知能を持つ裁判官が、乙説で見せた言及力をもってすれば、この程度のことは楽に理解できるはずです。裁判官は、この事実を知られたくないために、甲説に深入りをすることを避けたのだと言えます。

④　水俣病の被害者といわれる人たちが最も多く食べた魚はニゴイであり、川魚全体の約六割を占めていました。その漁獲量ですが、最も多く獲れた大形濁川漁協組合員の平均で一人約五キログラムでした。ニゴイ一匹五百グラムとすると十匹になり、一人で食べても月に一匹にもならないのであり、これで水俣病になることはないのです。ましてや、漁協組合員でもなく、舟や網を持っていない人が漁協組合員以上にニゴイを獲っていること

などはありえないことなのです。

漁協組合員でも獲ったニゴイは一年でわずか十匹、しかし裁判官は量については避け、これを上流・中流と下流の地域間の差にすり替え、本質から目をそらしています。本来なら、この数字をみて、水俣病被害といわれる漁食について詳しく精査すべきなのですが、それが行われたとは思えません。判決においては、ほぼ全ての原告に対して「汚染された川魚を食べて……」となっていると言えます。

ここにおいては、漁獲量（漁食量）からは目を逸し、本質の切り替えによる原告側擁護とその偏向ぶりは異常と言えます。

⑤ 昭和電工から排出されたとする水銀では魚の水銀値のばらつきは説明できない。

魚の水銀値が高いのは河口近くの左岸だけであり、他の地域にはこのような高い水銀値の魚はいません。昭和電工の鹿瀬工場から水銀が流出した場合、三キロメートルも流されれば、その水銀濃度はほぼ均一になると言われています。それにしては、あまりにも魚の水銀値のばらつきが大きいと言えます。

この河口付近の魚の水銀値が高いことについて、原告側は「食物連鎖による濃縮」や、「水中浮遊物の沈降」などという机上の空論をもってこれを正当化しようとしています。

しかし、河口付近で水銀値が高いのはニゴイだけであり、他の魚の水銀値は、他の地域の魚と変わらないのです。また右岸にもこのような水銀値の高いニゴイはおらず、これは局地汚染であることを示しています。

⑥　下山、津島屋と一日市、江口との間には、患者の発症時期、猫の死などにおいていずれも約半年の差がありますが、これも昭和電工から流出したとされる水銀では説明は不可能です。被告昭和電工の御用学者とみられている北川徹三は、汚染は河口から始まり、順次上流へと波及していったとしていますが、下山から江口までおよそ五キロメートル、これは魚でも一日か二日で移動できる距離です。そこで半年もの差がつくことなどありえないと言えます。

このことについては第一章で説明しましたが、これは、昭和電工原因説においては、絶対に説明できないものと言えます。

⑦　昭和電工鹿瀬工場と、患者が発生した河口近くとは五十キロメートル以上離れていますが、この区間においては患者の発生、猫の死、魚の浮上といったものはなく、空白地帯となっています。このことに対して納得のいく答えは出ていないと言えます。四大公害の一つ、イタイイタイ病も、患者の発生区域と、汚染源である三井金属鉱山神岡鉱業所と

の間にも二十キロメートルの空白地帯がありますが、この区間は渓谷が続き、人は住んでいないのです。

横浜大学教授の北川徹三は、被害者の発生は半径十キロメートル以内から始まるとしています。水にしろ、空気にしろ、その中に含まれる汚染物質は、拡散、希薄することはあっても、濃縮することなどはないのです。科学者の大御所と言われた北川の言葉は尊重されるべきなのです。

⑧ 水俣病患者と猫の異常死は密接に結びついており、水俣病患者のいるところ猫の異常死があることになります。水俣においては、多くの集落でたくさんの猫が死んでおり、なかには全滅した集落もあります。猫の異常死は人の発症より二年位前から始まっています。それは猫が人よりも相対的に魚を多く食べているからだと言えます。

これに対して新潟では阿賀野川の左岸の河口付近を除けば猫の異常死はないと言えます。阿賀野川の左岸の河口付近を除けば、新潟には水俣病の被害者はいないということになるのです。

このあと述べるのは第一次の裁判における行政や司法の責任を問うものではありません。しかし、第二次以降の裁判においては、第一次で問題となったものがすっぽり抜け落ちており、そこに矛盾が生じているということです。

⑨　第一次の裁判において、河口付近にだけ患者が出たことについては、この地域の住民が川魚を多く食べていたからだと主張しています。裁判において喜田村は「生物体である限り、五対三の差でも汚染物を蓄積して発症するかしないかの重大な差となる」と証言しています。水中浮遊物が沈降するからという説もありました。

しかし、第二次以降の裁判においては、上流や中流からも多数の患者が出ています。これは明らかに第一次の裁判の判決とは矛盾しています。第一次の裁判の判決が正当なものであるとすれば、上流や中流からは患者は出ないことになります。逆に、第二次以降の裁判の判決が正当であるとすれば、第一次の裁判で問題となったことは全て嘘ということになります。第一次と、第二次以降の裁判官が異なるとしても、水俣病の発症原因に変わりはないはずです。第二次以降の裁判については、私には知る術《すべ》がなく不明ですが、被告はこれらのことを主張しなかったのでしょうか。裁判官によって考えがちがうことは確かとしても、矛盾を抱えたままの判決は裁判の信頼を損なうものではないでしょうか。

新潟水俣病は国家犯罪という公害である

新潟水俣病において、原因は昭和電工によるものとされていますが、それを証明する確固たる証拠は何一つないのです。国は、机上の理論、空論の上に成り立つ状況証拠をでっちあげ、最後は昭和電工に対して、「貴社が無実というのであれば、それは貴社が証明しなさい」と責任を昭和電工に転嫁したのだと思います。

多くの人は状況証拠がいかなる状況のもとで作られたかは知らないと思います。それゆえ状況証拠についても、それに疑いをもつことなく、これだけ状況証拠があるのであれば、あとは昭和電工に対して「無実というなら貴社がそれを証明しろ」にも正当性があると思った人は多いと思います。

新潟の水銀中毒症は、水俣病という教科書があったことなどから多くの人たちが初めから昭和電工が原因だと考えていました。他に原因は考えられませんでした。しかし、新潟水俣病の調査にあたった人たちの中には、早い段階から原因が昭和電工でないことを知っていた人もいたのです。

彼等はそのことを知りながら、むしろそれゆえに最も声高に原因は昭和電工であると主張したのでした。新潟水俣病が冤罪事件であることはこれまで述べてきたことですが、これが他の冤罪事件と大きく異なるのは、厚生省の特別調査班の中の疫学研究班が、原因は昭和電工でないことを知りながら、早々に原因は昭和電工と断定したことでした。先に述べたように、新潟水俣病の発生からわずか九ヵ月あまりで、疫学班は原因は昭和電工であると断定するように求めています。

疫学班は原因が昭和電工でないことを全て知っていたのです。それも抽象的概念ではなく、確実な証拠に裏付けされた昭和電工無罪説だったのです。

「総括」に述べた①～③は、それ一つでも立派に昭和電工が無実であることを証明する力を持っていました。それが三つもそろえば、昭和電工が無実であることは動かぬものと言えました。④についても①～③に準ずるものがありましたが、これも「不都合な真実」ゆえに問題化されることはありませんでした。これも国は本質の切り替えという手法を使って、この問題を回避したのでした。

一九六八年に出された政府見解において、阿賀野川が、短期、あるいは長期にわたって汚染されたとしていますが、これが捏造であることはこの章で述べました。阿賀野川の水は水道水として使われているきれいな水だったのです。水俣病の原因となる水銀の濃度は十億分の一未満であり、この濃度では水俣病が発生しないことは化学者なら理解できると思います。阿賀野川と水道水は同じ水銀濃度であり、それでは水道水で育った魚を食べたら水俣病になるのかということです。何よりも少しでも危険性があれば、それは水道水としては不適格ということになります。これは阿賀野川が汚染されていないという確かな証拠です。疫学班はそれらを隠蔽しただけでなく、あまつさえ、阿賀野川は短期及び長期にわたって汚染され、それが新潟水俣病の原因だとしたのでした。

水銀濃度十億分の一での魚の水銀値は一・七PPM程度、3×10^4PPMにおいては一PPM程度です。これは疫学班の喜田村が実験し、裁判における証拠資料ともなっています。これは阿賀野川の川魚が水銀にはほとんど汚染されていないことを示しており、日常的に食べていて水俣病を発症することはないのです。しかもこれはメチル水銀を前提としていますが、フェニル水銀となれば水俣病の発症はありえないのです。

疫学班が先走っていた面もあるかもしれませんが、この政府見解が昭和電工原因説を決定づける原点と言えました。国は冤罪に足を踏み入れたのでした。

国が、阿賀野川は昭和電工によって汚染されたと発表した以上、よほどのことがない限り、これを否定、あるいは覆すことは不可能と言えました。それはまた、多くの人々が考えていた昭和電工原因説にお墨つきを与えるものであり、人々は確信を持って昭和電工原因説を立証、強化することに邁進することになるのです。

次は一日市の近家から持っていった干魚の分析結果の未公開です。昭和電工原因説を立証するためには、魚はメチル水銀に汚染されていることが不可欠です。しかし、魚からはメチル水銀は検出されず、検出されたのはフェニル水銀及び農薬に関係する物質のみ、これは逆に昭和電工が無実であることを証明しています。これはまた、阿賀野川がメチル水銀に汚染されているということも否定することになります。近家から持っていった干魚の分析に注目した人はいませんでした。昭和電工原因説否定を証明するような証拠は人々に知られては困るのであり、黙秘したのだと思います。

③の魚の浮上についても、これまで述べてきたように、これが昭和電工から流出したとされる水銀では説明不可能です。魚の浮上と昭和電工は無関係であり、これもまた昭和電工が無実であることの立派な証拠と言えます。

しかるに裁判では、これは甲説（原告）よりも乙説（被告）の方が有利であるものの決定的なものではないとしています。裁判官もまた、本質の切り替えによって真相をわからなくしているのです。

④のニゴイの捕獲数について言えば、これは新潟水俣病そのものを否定したものであり、

昭和電工を無実としたものとは直接関係ありません。先に述べたように、この漁獲量でみる限り、新潟水俣病はありえないと言えます。ただ、個人的な捕獲量においては不確定要素が多く語りきれないところがあります。しかし、このニゴイの捕獲量からすれば、新潟水俣病はありえないとも言えました。これは昭和電工は無実であることに対して立派な状況証拠になります。ニゴイの漁獲量については、疫学班の喜田村も知っていました。裁判官はここにおいても本質の切り替えによって真実から目をそらしています。

昭和電工は無実であるとするこれだけの証拠があれば、原因は昭和電工でないと断定すべきであったのです。しかし、行政も、司法も原因は昭和電工であるとして、昭和電工に有利になる証拠は捏造されて不利となり、あるいは隠蔽されて誰にも知らされず、そしてまた本質の切り替えによって真相が覆い隠されていったのです。

昭和電工は現地の実情をまったく知らないと言えました。それゆえ、机上の理論、空論においても反撃できませんでした。それゆえ塩水クサビ説にかけるしかなかったと言えます。しかし、これは昭和電工原因説に比べれば圧倒的に不利なことは明らかでした。

調査段階における圧倒的な力の差。そして状況証拠の差及び司法判定の偏向。そこにおいても昭和電工が不信の念を抱いていたとしてもこれを覆す力は昭和電工にはありませんでした。控訴も考えたと思いますが、当時の状況においては、それは会社のイメージを一層悪化させる恐れがありました。昭和電工が早々に控訴を断念せざるを得なかったのは、巨大な国家権力と闘わなければいけなかった企業の悲劇とも言えました。

今となっては確認は不可能と思いますが、昭和電工が控訴しなかったことについて次のようなエピソードがあります。

これは宇井純が『阿賀よ　伝えて』の中で述べていることです。

最終準備書面で私は弁護団とは別立てにされて、自分ひとりの準備書面を書いた。

宇井はこの最終準備書面で、原告は大企業に対して非力な弱者であることを徹底的に追及したとしています。

原告の最終準備書面は、民法の大先生、戒能通孝教授から、日本の弁護士が書いた、もっとも科学的水準の高い論文とおほめをいただいたほどの出来だったから、やや性格の違う私の論文が別立てになるのはそれだけの理由があった。しかし当時はあの弁護団から仲間はずれにされたような不満をいささか感じたものである。だが最終準備書面を書きあげて法廷に提出したとき、おそらくこの裁判は勝ったという手応えがあった。戒能先生も、これは勝ちだよといわれた。しかし勝ったとしても心配なのは被告昭電が控訴したらどうしようという先の見通しだった。だが戒能先生はあっさりと昭電は控訴しない、いや控訴させないといわれる。なぜそんなことが言えるのですかと尋ねると、先生はこともなげに答えた。

「昭電の主力銀行は富士だ。ところで東京都は公金を富士と第一銀行に預けてある。もし昭電が控訴すると言い張るなら、私は美濃部知事に話して都の公金を富士から引きあげさせる。そんなことをされたら富士はたまらないから昭電に圧力をかけるだろう。だから昭電は控訴できない」世の中には恐ろしいことを考える人がいるものだ。このような人を敵にまわさなくてよかったとしみじみ感じたものである。

なぜ最終準備書面が二通あるのか、なぜこの最終準備書面を書きあげて法廷に提出したとき、「おそらくこの裁判は勝ったという手応えがあった」としながら、控訴のことを心配するのか。そこに私は裁判官とのつながりの強さを感じるのです。それはまた、これまでに述べてきた「シナリオ」に沿ったものであったと言えると思います。

　そして民法の大先生、戒能通孝が控訴を断念させたとする記述、これが事実とすれば民法の大先生としての倫理が問われることになります。

　昭和電工は判決が出る前から控訴しない方針であったと言われています。当時の社会情勢や裁判の進行などから判断して、控訴しても勝てる見込みがないとも言えました。また控訴は、さらに会社のイメージを悪化させる懸念もあったと思います。

　しかし、判決が出る前の控訴断念はやはり異常だと思います。新潟水俣病発生の頃の昭和電工は強気でした。また、一般的には判決が出た後、判決文を十分検討したうえで控訴するか、しないかを判断するのが普通です。そこにおいて敗因などを分析し、作戦を立て直すことで勝機の道を見出すこともあると思います。また裁判官が変れば、新たな展開も考えられます。判決が出る前に控訴をしないということは余程のことがなければあり得ない話と言えます。

　昭和電工が早々に控訴を断念したのは、宇井の言う圧力と考えるのが最も妥当であったと思えるのです。もしこれが事実とすれば、ここにおいても昭和電工は弱者でしかなかったのです。

「真実」と「冤罪」の間《はざま》で

昭和電工を無実とする確かな証拠があるのですから、本来なら昭和電工は無実となるはずです。しかし国が断定したのは、新潟水俣病は昭和電工によって引き起こされたものである、とする暴挙でした。しかもそのことを立証するために、証拠の捏造、隠蔽まで行ったのでした。

国はなぜこのような暴挙を決行したのでしょうか。私には、これには三つの要素があり、それが複合的に作用した結果だと思っています。

三つの要素とは何か。

第一の要素は、多くの人が初めから新潟水俣病の原因は昭和電工と考えていたと言えます。それは根拠なき確信と言えました。多くの人々は、国がそれを証明していることを期待していたと言えました。

新潟水俣病の調査に関わった人たちは熊本の水俣病についてはよく勉強していたと思います。それゆえ、彼等は一般の人たちよりも水俣病についてはよく知っており、原因は昭和電工であるとの強い確信を持っていたと思います。そしてまた彼らは、この事件は自分たちの手で真相を明らかにすることができると考えていたと思います。

しかし、調査をすればするほど、出てくるのは昭和電工は無実という「現実」に直面することになります。

ここにおいて、調査にあたった人たちの葛藤は大きかったと言えます。それは今まで保持してきた確信に変更を迫るものであったからです。それは自分の過去の否定であり、これを受け入れるには多大のエネルギーと時間を必要とします。調査にあたった疫学班の人たちも例外ではなく、しばらくの間は、頭ではそれを受け入れながらも、心がそれを受け入れるのは容易ではなかったと思います。それは理性と感情の葛藤と言えました。

これを内なる葛藤とすれば、外部に対する葛藤もあったと思います。社会における多くの人々もまた原因は昭和電工と考えていました。その人たちに向かって、昭和電工は無実ということもまた受け入れてもらえないのではないかとの恐れもありました。多くの人々もまた原因は昭和電工と考えており、その人たちの反発を覚悟しなければなりませんでした。多くの人々は真実を知らないこともあり、たとえ疫学班が真実を発表しても、それを頭で理解するより先に心が拒否してしまう可能性が大きいと言えました。人は、理性よりも感情が優先するのです。そのいらだちは調査にあたった人たちに向かうことになります。ときにはそれが、調査にあたった人たちにとっては無能呼ばわりされる覚悟をする必要があったと言えます。こうした内外の葛藤を考えたとき、心情的には昭和電工原因説の方が楽であったとも言えました。

その一方で、真実を公表しないことにも大きなリスクがありました。もし自分たちが公表しなかった真実が明らかになれば、調査にあたった人たちの信用は失墜します。良心との葛藤もあったと思います。「真実」か、「心情か」、調査にあたった人たちの苦しみと言えました。

二つ目の要素は、もし全てを公表して、昭和電工が無実となった場合の影響についてです。新潟水俣病の原因については、昭和電工原因説と塩水クサビ説の二つしかありませんでした。このうち、塩水クサビ説は根拠が弱く、やがては消えていく運命にありました。ここにおいて、昭和電工が無実となった場合、それでは原因は何かということになります。当時の状況において他の原因は考えられず、迷宮入りとなることは必至と言えました。

もしこれが刑事事件であったならば、検察や警察とてそれほど悩むことはなかったと思います。たとえ有力な容疑者であったとしても、無実となるこれだけの確実な証拠があれば犯人にされることはないと言えます。

しかし、新潟水俣病はそれではすまない問題を抱えていたと言えます。昭和電工を無実とすれば被害者救済をどうするかということです。昭和電工を無実とすれば被害者を救済する道はなくなります。もはや熊本の水俣病のように、そのまま放置することは許されない時代であったのです。一時的に国などが立て替えをしたとしても、賠償金の金額や、それを誰が負担するのかといったことなど、先がまったく見通せない状況においては限界がありました。

三つ目の要素は宇井の存在です。新潟水俣病の原因調査にあたったのは疫学班ですが、宇井はこの疫学班に積極的に働きかけを行ったと思うからです。

宇井は新泉社から出版されている、宇井純セレクション三部作の①の『原点としての水俣病』のカバーの表紙裏で次のように著者紹介されています。


水俣病をはじめとする公害の原因究明と被害者支援活動に取り組み続けた環境学者。東京大学工学部に就任した一九六五年に新潟水俣病の発生を知り、実名での水俣病告発に踏み切ったため、同大学での出世の道を断たれ、以後「万年助手」として一九七〇年から一九八五年まで同大学で自主講座「公害原論」を主宰。

宇井は、新潟水俣病の発表のあと、まもなくして新潟に入り、一日市の桑野家を訪れ、そこでの猫の異常死からいち早く、原因は昭和電工と断定しています。宇井はいち早く水俣病の告発に踏みきったために教授になれなかったとしていますが、私は、宇井には教授になる資格はないと思っています。それはともかくとして、夢破れた宇井は、『原点としての水俣病』の題名が示すように新潟水俣病に深く関わっていきます。宇井は弁護人と同等の資格を持つ代理人として、原告勝利に大きく貢献したと言います。宇井は、新潟水俣病こそ自分の名前を売るための絶好のチャンスとみていたと思っています。

宇井は熊本において被害者の家を訪ねたりしており、現地の悲惨な状況を知っていました。宇井はその体験をもとに、被害者救済を第一にすべしと調査した人々の説得にあたったのだと思います。宇井は自らの位置を環境学者とし、被害者救済を旗印にかかげています。そこでは「真実」は排除すべきものであったのです。宇井は机上の理論、空論によって昭和電工原因説を立証できると確信していたと思います。宇井にとっては「嘘も方便」であり、その嘘も見抜くものはいないと思っていたのだと思います。

疫学班をリードしたのは喜田村だと言われております。喜田村は水俣病発生当時、熊本大学医学部におり、水俣病の原因究明に三年間従事したとしており、水俣の実情を誰よりもよく知っていたと言えます。私は、喜田村は宇井と異なり、真理を追究する科学者だと思っています。しかし新潟水俣病における喜田村のあり方は真理を追究する科学者としては不自然さを感じます。喜田村は被害者救済を考えた結果、宇井と共同歩調をとったのではないかと思っています。

もし全てを公表して昭和電工を無実とした場合、被害者救済の道はなくなり、収拾のつかない混乱を引き起こす恐れがありました。疫学班は真実の公表よりも被害者の救済という政治決着をしたのだと思います。

たとえ公表しなくても「真実」が明らかになる恐れはありました。②の近家から持っていった干魚の件はあまり問題にならなかったゆえに隠蔽は可能だったと思いますが、①の水道の存在や、③の魚の浮上、④の漁獲量については問題になる可能性がありました。その場合昭和電工は無実ということも考えられました。その場合、疫学班の権威は失墜し、信用を失うことになります。

「全ては被害者救済のために」は疫学班の大義名分となったのだと思います。捏造も被害者救済のためと言えば世間の風当たりもいくらかやわらかくなります。また昭和電工に対する良心との葛藤もあったと思いますが、その罪の意識も少しは軽くすることができたと思います。

疫学班が最も恐れたのは、人々が「真実」に気づくことと言えました。昭和電工原因説に疑問が生じれば被害者救済も宙に浮き、その混乱は収拾のつかなくなる恐れもありました。先に述べた松本楼における一連の言動は、これ以上の調査は何としても止めなければならなかった疫学班の決意とも言えました。

そこには裁判官も一枚かんでいました。裁判官もまた初めに結論ありきだったと思います。何よりも社会が、原因は昭和電工であるということで決着をつけてくれるよう望んでいたからでした。

裁判官は疫学班ほどに真実を知らないと言えました。裁判官が頼りにしたのは、疫学班を中心とした「官僚の作文」と言えました。そして宇井の存在。宇井は頼りになる存在だったと言えます。

国は被害者救済を大義名分として昭和電工を原因企業としたのだと思います。しかし、これほど多くの「被害者」が出ることは想定外だったのではないでしょうか。第一次における原告は七十七人、その他に被害者が出たとしても、原告の二倍の百五十人から二百人程度と考えていたのではないでしょうか。

冤罪を受けたものは汚名を着せられ、社会的にも抹殺され、場合によって生命さえ奪われるのです。新潟水俣病に救いがあるとすれば、それは人的被害が小さかったことと言えます。しかし、被告昭和電工は、今なお加害企業の汚名を着せられたまま、補償金の支払いを余儀なくされているのです。国は早急に新潟水俣病を見直す義務があるのです。

いかに大義名分があろうとも冤罪は許されないことなのです。しかも証拠を捏造しての冤罪であり、疫学班の犯した罪は限りなく大きいと言わねばなりません。新潟水俣病は国家犯罪という「公害」に他ならないのです。

参考文献

北川徹三『メチル水銀による汚染原因の研究』紀伊國屋書店　一九八一年
政野淳子『四大公害病』中央公論新社　二〇一三年
宇井純『原点としての水俣病』新泉社　二〇一四年
宇井純『公害原論』（新装版）亜紀書房　二〇〇六年
滝沢行雄『しのびよる公害』野島出版　一九七〇年
斉藤憲治『くらべてわかる淡水魚』山と溪谷社　二〇一五年
斎藤恒『新潟水俣病』毎日新聞出版　一九九六年
斎藤恒『新潟のメチル水銀中毒症』文芸社　二〇一八年
五十嵐文夫『新潟水俣病』合同出版　一九七一年
原田正純『水俣病』岩波書店　一九七二年
新潟水俣病共闘会議東京事務局『新潟水俣病裁判・判決全文』一九七二年
新潟県発行『新潟水俣病のあらまし』
田中清松『新潟水俣病を問い直す』幻冬舎メディアコンサルティング　二〇一七年
田中清松『新潟水俣病は虚構である』幻冬舎メディアコンサルティング　二〇二〇年

村木厚子『日本型組織の病を考える』角川新書　二〇一八年
通船川、栗ノ木川ルネッサンス『通船川物語』二〇〇三年
新潟水俣病聞き書き制作委員会『いっちうんめえ水らった』二〇〇三年
刈田敏三『新訂　水生生物ハンドブック』文一総合出版　二〇一〇年
堀田恭子『新潟水俣問題の受容と克服』東信堂　二〇〇二年
新潟水俣病共闘会議　新潟水俣病被害者の会『阿賀よ忘れるな　新潟水俣病第二次闘争の記録』文久堂　一九九六年
宇井紀子『ある公害・環境学者の足取り』亜紀書房　二〇一六年
新潟水俣病四〇周年記念誌出版委員会『阿賀よ　伝えて』二〇〇五年
鈴木勉（監修）『毒と薬』新星出版社　二〇一六年
『広辞林』三省堂

著者紹介
田中 清松 （たなか せいまつ）

1944年生まれ。新潟市在住。

著書に『戦中生まれの叛乱譜』（1985年、彩流社）、『記憶力は人生を決める』（1996年、彩流社）、『新潟水俣病を問い直す』（2017年、幻冬舎メディアコンサルティング）、『新潟水俣病は虚構である』（2020年、幻冬舎メディアコンサルティング）がある。

新潟水俣病《にいがたみなまたびょう》は国家犯罪《こっかはんざい》という公害《こうがい》である

2025年3月21日　第1刷発行

著　者　　田中清松
発行人　　久保田貴幸

発行元　　株式会社 幻冬舎メディアコンサルティング
〒151-0051　東京都渋谷区千駄ヶ谷4-9-7
電話　03-5411-6440（編集）

発売元　　株式会社 幻冬舎
〒151-0051　東京都渋谷区千駄ヶ谷4-9-7
電話　03-5411-6222（営業）

印刷・製本　　中央精版印刷株式会社
装丁　　弓田和則

検印廃止

ISBN978-4-344-69218-3 C0036
幻冬舎メディアコンサルティングＨＰ
https://www.gentosha-mc.com/